DU

VER BLANC,

exposé

DE SES RAVAGES ET DE LA NÉCESSITÉ DE LE DÉTRUIRE

SOUS LA FORME DU HANNETON,

suivi

D'UNE NOTICE SUR LE CHARANÇON GRIS

ET CELUI DE LA LIVÈCHE,

Par M. Vibert,

Cultivateur de Roses à Chenevières-sur-Marne.

PARIS,

MADAME HUZARD (NÉE VALLAT LA CHAPELLE), LIBRAIRE,
RUE DE L'ÉPERON-SAINT-ANDRÉ-DES-ARTS, N°. 7.

1827.

DU

VER BLANC.

CHAPITRE PREMIER.

DU HANNETON , DE SES MÉTAMORPHOSES.

Parmi les insectes que la Providence semble avoir placés sur la terre pour mettre à de rudes épreuves la patience de l'homme, il faut surtout distinguer le man, plus connu sous les noms vulgaires de *ver blanc, turc* et *meun'er*. Ennemi d'autant plus redoutable qu'il se dérobe à nos regards, et que les indices de son existence sont déjà le résultat de ses ravages, il exige de la part du cultivateur nonseulement cette surveillance active, suffisante souvent pour la destruction d'autres insectes,

mais encore une étude particulière de ses inclinations, de ses habitudes et des moyens qu'il
a reçus de la nature pour conserver sa longue
existence. Quatorze années de séjour dans un
pays qui en est infesté depuis six ans sur-
tout, quelques observations et des pertes énormes m'autorisent aujourd'hui à signaler cet
insecte destructeur à la sollicitude de l'Administration et à l'attention des Sociétés d'agriculture. Craignant de voir se renouveler en
1828 et 1829 les désastres qui m'ont frappé en
1825 et 1826, et disposé, par cette raison, à
quitter un terrain que je leur ai disputé pied à
pied, je crois rendre service à la société en lui
faisant part d'observations qui ne sont pas sans
intérêt pour l'agriculture. Heureux ceux qui,
dans l'étude des merveilles de la nature, ont
pu porter un esprit libre de toute appréhension
et n'ont pas vu comme moi leur imagination
se refroidir devant des pertes journalières, qui
m'ont rendu bien chères les leçons de l'expérience ! Des connaissances acquises à un si haut
prix, du moins n'exciteront pas l'envie, et l'on
me pardonnera sans doute le triste avantage
d'avoir un peu mieux connu cet insecte que
les naturalistes qui en ont parlé.

Tout le monde connaît le hanneton, mais

très-peu de personnes, même celles qui s'occupent des travaux de la campagne, connaissent ses métamorphoses, sa longue existence
sous la forme de ver, et les préjudices qu'il
cause à la culture en général. Ses inclinations,
sa manière de vivre, et tout ce qui se rattache
à son existence est encore moins connu ; ce sont
ces différens détails que je me propose de dé-
crire. Observateur par goût, je ne suis pas
naturaliste ; on aurait donc tort d'exiger de
moi des connaissances qui ont échappé au
génie de Buffon.

Afin de rendre plus intelligible ce que j'ai
à dire sur le hanneton, il est à propos d'exposer
ici rapidement les métamorphoses qu'il subit
et de le suivre pendant tout le cours de son
existence.

Les hannetons sortent de terre vers la fin d'a-
vril, un peu plus tôt, un peu plus tard, selon que
la saison est plus ou moins avancée ; leur durée
est d'environ six semaines, mais en observant
que leur sortie de terre a lieu pendant un assez
long laps de temps, je crois que leur durée in-
dividuelle peut être à-peu-près de quinze à
vingt jours ; Buffon cependant ne leur donne
que huit jours : mais j'ai la certitude que le
plus grand nombre vit au-delà de quinze. L'im-

mense quantité de hannetons que nous avons eus cette année m'a donné l'occasion de faire la remarque suivante. Vers le 20 avril, un grand nombre, contrariés sans doute par les pluies abondantes et la fraîcheur des nuits, se rapprochèrent de la terre, mais n'osèrent en sortir. Ils s'étaient mis en communication avec l'air extérieur en débouchant leurs trous, dans lesquels ils demeurèrent visibles, à plusieurs pouces de profondeur, jusqu'au moment où la température se radoucit. L'accouplement a lieu peu de jours après leur sortie ; je présume qu'il dure au-delà de dix heures et que la ponte a lieu huit à dix jours après. Tout porte à croire que la femelle ne survit à sa ponte que de quelques jours et que le mâle périt après l'accouplement. Avant la fécondation, les œufs, dans le corps de la femelle, sont visibles à la vue simple, sous la forme de petites vessies plates, vides et agglomérées ensemble ; ce n'est qu'après la fécondation qu'elles commencent à s'emplir. Les grandes différences qui se remarquent dans la grosseur et l'avancement de ces œufs me font soupçonner que l'opération de la ponte doit être de plusieurs jours ou qu'une partie des œufs seulement serait fécondée ; car l'ouverture d'un grand nombre de femelles m'a lait voir parmi des œufs parvenus à toute leur grosseur, un certain nombre dont la pellicule paraissait telle qu'avant l'accouplement. Quelques auteurs ont avancé que le hanneton pondait cinquante, quatre-vingts et même cent œufs; ce nombre ne pourrait s'entendre tout au plus que des embryons des œufs, car jamais je n'ai trouvé plus de trente à trente-cinq œufs parfaits dans les femelles les plus près de la ponte; les autres m'ont paru stériles. La femelle, pour pondre, fait un trou en terre de six à sept pouces de profondeur qui ne lui coûte souvent qu'une heure de travail, et donne la préférence aux terres légères et en façon, sur-tout quand elles sont fumées. Tout porte à croire qu'elle choisit la nuit pour descendre en terre, rarement, même cette année, je l'ai surprise le jour; mais il ne m'a pas encore été possible de déterminer la durée de sa ponte. Je ne partage pas l'avis de quelques naturalistes qui pensent que les œufs du hanneton sont près de six semaines à éclore, mon opinion est que ce temps doit être réduit à moitié: ce qu'il y a de certain, c'est que cette année encore, dès le 10 juillet, j'avais perdu des semences de rosiers du printemps, que le jeune ver m'avait dévorées, et déjà il avait six lignes de longueur.

Je pense que pendant les deux premières semaines de leur existence, ils ne vivent pas des
racines des plantes, mais de quelques parti-
cules de terre ou de décompositions végétales :
ce qu'il y a de certain, c'est que de jeunes vers
déposés dans du terreau seul y ont vécu très-
bien pendant deux mois; néanmoins des vers
d'un mois m'ont détruit cette année de jeunes
semis de rosiers. On verra dans le chapitre
suivant qu'ils vivent encore moins de temps.
Ce n'est que vers la fin de septembre qu'on
commence à s'apercevoir du ravage qu'ils font,
mais seulement sur quelques plantes faibles;
car alors les nuits devenues plus longues, le
bois aoûté et l'air plus humide, rendent leurs
dégâts moins sensibles à l'extérieur. Vers la fin
d'octobre, ils ont atteint neuf à dix lignes de
longueur, et sont à-peu-près de la grosseur
d'une petite plume d'oie. Leur force est alors
très-inégale, et provient des époques où la
femelle a pondu; cette différence de grosseur
demeure sensible jusqu'à la fin de la deuxième
année et prouve, avec d'autres circonstances,
que la sortie totale des hannetons dure au
moins trois semaines. Dès le commencement
de novembre, et quelquefois un peu plus tôt, ils
descendent dans la terre jusqu'à une profondeur

de vingt-quatre à vingt-sept pouces, s'y pra-
tiquent une petite cellule ronde et aplatie, et
passent ainsi l'hiver engourdis, placés sur le
côté et en cercle, position la plus naturelle
pour eux. Vers le 5 ou 10 avril, ils abandon-
nent leurs retraites, et remontent à la superficie
du sol; j'ai cru remarquer que bien qu'ils n'aient
pris aucune nourriture depuis leur descente,
ils étaient un peu plus gros. Cette année est
celle de leur plus grands dégâts, car ils dévorent la végétation pendant six mois et demi.
Ces dégâts sont tels que l'imagination a peine
à les concevoir; on en verra le détail dans le
chapitre III. Ils rentrent en terre comme l'année précédente, vers la fin d'octobre; ils sont
alors parvenus à-peu-près aux quatre cinquièmes
de leur croissance. Le printemps suivant les
voit remonter pour la deuxième fois et commencer leur troisième et dernière année d'existence sous la forme de vers. Il semble que leur
voracité augmente avec le peu de temps qu'ils
ont à vivre, et leurs ravages pendant deux
mois et demi sont terribles. Quelque temps
avant de descendre, la couleur de leur peau
devient d'un jaune terne, sur-tout sur le dos.
Dans le cours de ces trois années, ils changent
plusieurs fois de peau pendant la belle saison,

et quelques-uns périssent par suite de cette opération laborieuse. Enfin, vers le 15 juin, ils commencent à rentrer dans le sein de la terre, et cette dernière descente est ordinairement terminée vers la fin de ce mois; après avoir vécu sous la forme de vers pendant près de deux années, qui s'étendent sur trois étés, ils se métamorphosent en chrysalides. Il devient difficile de fixer ici l'époque précise où ils passent à l'état de hannetons; cependant je conjecture que c'est, pour la plus grande partie, vers la fin de février. L'histoire de ces insectes présente quelques particularités remarquables, en voici une qui se place naturellement ici. On trouve en labourant, dès le mois d'octobre et pendant tous les mois d'hiver, des hannetons vivans dans leur état parfait et leur couleur naturelle. Soit qu'on les attribue à des chrysalides chez lesquelles la métamorphose aurait été avancée ou retardée de plusieurs mois, il en résulte toujours que cette apparition est contraire aux lois générales de la nature; et ce fait mérite de fixer l'attention des naturalistes. Pour être d'accord avec la Genèse, il faut même reconnaître cette dérogation aux lois établies : autrement nous ne devrions voir paraître les hannetons que tous les trois ans invariablement.

Buffon, Bomare, et presque tous ceux qui se sont occupés des hannetons ont paru confondre l'existence du ver blanc avec celle de ce scarabée sous ses diverses formes. Le premier des naturalistes cités dit positivement que ces vers vivent trois ou quatre ans, et cette première erreur a été souvent répétée. Il est bien reconnu aujourd'hui que ces vers ne vivent que près de vingt-quatre mois, mais qui s'étendent sur trois années, et que ces mois peuvent être répartis à-peu-près de la manière suivante :

Temps pendant lequel ils dévorent la végétation.

Première année, qui est celle des hannetons, du 1er. juillet au 1er. novembre....   4 mois.

Deuxième année, du 1er. avril au 1er. novembre   7

Troisième année, du 1er. avril au 1er. juillet   3

Total. . . . .   14 mois.

Temps d'engourdissement pendant lequel ils ne prennent aucune nourriture.

Cinq mois sur chacune de leurs deux premières années, du 1er. novembre au 1er. avril. . . . .   10 mois.

De l'autre part. . 10 mois.

Total de leur existence sous la

forme de vers. . . . . 24 mois.

A quoi il faut ajouter ensuite:

Sous la forme de chrysalides, du
1er. juillet au 1er. mars de la dernière année. . . . . 8 mois.

Hannetons formés
en terre, 80 jours
Idem hors de } 120 jours ou 4 mois.
terre, 20 jours
En œufs, 20 jours

Total général de l'existence
des hannetons sous leurs diverses

formes. . . . . 36 mois.

On concevra facilement que ce calcul ne saurait être d'une exactitude rigoureuse, puisque
beaucoup de circonstances peuvent retarder et
avancer la sortie des hannetons et influer par
conséquent sur le moment de leurs diverses
métamorphoses; ce qui cependant ne saurait
jamais faire varier la durée totale de leur existence que de peu de jours. Ces variations
deviennent encore plus grandes dans les années

où il y a beaucoup de hannetons : ainsi, bien que la durée de leur existence, considérée isolément, soit tout au plus de vingt jours, on en a vu cette année pendant plus de deux mois, leur sortie de terre ayant duré plus de trente-cinq jours.

Tout ce que nous possédons jusqu'à présent sur cet insecte laisse beaucoup à désirer, et la différence des opinions prouve d'une manière évidente qu'il n'a pas encore été observé avec toute l'attention nécessaire. Mais hâtons-nous de reconnaître combien sont grandes les difficultés que présente, pour l'observation, un insecte qui, sous quatre formes différentes, dérobe à nos regards, pendant plus de trente-cinq mois, le mystère de sa longue existence. Tous les auteurs du moins ont signalé ses dégâts et reconnu, comme moi, qu'il fallait lui faire, sous la forme de hanneton, une guerre d'extermination. Si dès-lors leur voix eût été écoutée, nous ne les aurions pas vus se multiplier dans une si prodigieuse quantité, et nous n'aurions pas à déplorer les pertes qui, dans ces dernières années, ont frappé beaucoup de nos départemens.

CHAPITRE II.

MOYENS D'EXISTENCE, HABITUDES, INCLINATIONS.

On est frappé d'un sentiment d'étonnement et d'admiration lorsque l'on considère la réunion des moyens dont ces insectes disposent pour leur conservation. Point de doute, point d'incertitude chez eux; tout est prévu d'avance pour assurer la propagation de leur espèce; l'homme seul, par les mouvemens qu'il opère sur le sol, peut quelquefois mettre leur pénétration en défaut. Qu'avait donc besoin la nature de doter ces insectes avec une prévoyance si libérale, et de reculer pour eux les bornes d'une existence si limitée pour beaucoup d'autres de leur genre? Mais ici, comme par-tout ailleurs, n'a-t-elle pas mis le remède à côté du mal, et ne nous livret-elle pas les hannetons sans défense pendant leur vie? Cessons donc de nous plaindre, car leur grande multiplication accusera toujours notre imprévoyance.

La femelle du hanneton, après avoir été fécondée, donne la plus grande importance au lieu où elle doit déposer ses œufs ; ce n'est guère que la nuit qu'elle entre en terre pour pondre, et je l'ai rarement surprise le jour. S'il se trouve dans les environs une terre fumée, légère, ou ameublie par les labours, c'est à celle-ci qu'elle donnera la préférence ; car elle sait que ses jeunes vers ne sauraient parcourir une terre compacte et battue. Certaine que sa progéniture a besoin pour exister d'un lieu sain, ouvert aux influences de l'air, du soleil, et exempt d'humidité, elle fuit l'ombrage des grands arbres, les lieux humides, les terres fortes ou qui reposent sur un fond de glaise. Des vers blancs ne sauraient exister dans des forêts, ni dans des lieux où le soleil n'aurait pas un libre accès : les hannetons en pourront dévorer les feuilles, mais ils se garderont bien d'y pondre. Les taillis, quand ils sont serrés, les cultures qui couvrent bien le sol en sont exempts ; chez moi, il m'a suffi souvent d'un arbre isolé, pour préserver un certain nombre de plants ; des arbres en contre-espaliers m'ont procuré le même effet, mais seulement à leur nord ; en général les parties de mes jardins les plus couvertes ont toujours été les moins endommagées. Ceci explique pourquoi, chez moi comme ailleurs, sans doute, les gro-

seilliers, les cacis et les arbustes dont les branches et les feuilles descendent jusqu'à terre,
ont échappé à la dévastation qui régnait autour
d'eux. Déposer ses œufs dans un lieu convenable,
telle est la principale occupation de la femelle,
le but et le terme de son existence ; son instinct
ne périt pas avec elle, elle le dépose, pour ainsi
dire, dans ses œufs, et les jeunes vers en hérite-
ront. On dirait qu'elle a une connaissance par-
faite des localités, et qu'elle embrasse d'un même
coup-d'œil le présent et l'avenir. Chez nous, la
réflexion est lente et incertaine ; chez elle, l'instinct est sûr et invariable, et si nous devons
regretter tant de moyens réunis pour nous
nuire, il est juste, au moins, d'admirer le soin
de la nature pour la conservation des espèces.
On n'apprendra pas sans surprise que pour me
mettre à l'abri de ce fléau, je n'ai qu'à traverser
la rue de mon village ; l'entrée de mon princi-
pal jardin en a même toujours été exempte ;
mon plus proche voisin en est à l'abri par la
nature de son terrain, qui repose sur la glaise,
et tous ceux qui ont des terres sur la pente de
la côte sont dans le même cas ou n'en ont que
très-peu. Je cultive, dans la plaine derrière le
village, un arpent de terre où je n'ai jamais eu
de vers, et la continuité de cette même pièce

a été totalement dévastée par eux ; ici, le sol est le même, et c'est aux labours que cette pièce reçut au printemps de 1824, qu'il faut attribuer les pertes énormes que j'y ai éprouvées et dont je rendrai compte dans le chapitre suivant. La commune que j'habite, dont le sol est très-varié, et qui se compose de parties basses et de parties élevées, m'a beaucoup favorisé pour mes observations, et m'a mis à même de reconnaître que la direction des vents, lors de la ponte, pouvait exercer une grande influence à cet égard. En effet, il peut se faire qu'une partie de territoire qui n'avait pas de vers blancs, se trouve l'année suivante couverte de hannetons, et le contraire peut arriver. C'est à la direction constante des vents du sud et de l'ouest, qui ont régné presque constamment pendant le printemps de 1824, que j'attribue la plus grande partie de mes désastres dans les deux années suivantes. Mon jardin occupe le lieu le plus élevé de la commune et se trouve ouvert à ces deux vents ; c'est des plaines sablonneuses qui avoisinent la Marne que nous sont venus la plus grande partie des hannetons en 1824. Je suis forcé de passer sous silence une infinité de détails minutieux qui exigeraient la description des localités, et qui tous pourraient prouver, d'une manière positive et indubitable, l'influence qu'exercent, comme cause secondaire, l'action des vents, l'ombrage des bois, la fraîcheur des eaux, et beaucoup d'autres causes encore; mais ces détails, qui n'auraient d'intérêt que pour les savans, me conduiraient trop loin.

Stationnaire à-peu-près sur le lieu qui l'a vu naître, qu'il parcourt sans pouvoir le quitter, c'est d'abord autour de lui que le ver cherche sa nourriture. Il n'est pas difficile, et je ne saurais pas dire ce qui ne lui convient pas. Je l'ai vu manger des poireaux et des plantes dont la racine est âcre et de mauvaise odeur. S'il paraît respecter quelques arbustes touffus, il ne faut pas s'y tromper, ce n'est qu'à la fraîcheur qu'ils entretiennent autour d'eux que la cause en est due; car quand ils sont jeunes, il les dévore. Les céréales, les plantes de toutes sortes, les arbustes, les arbres même succombent sous sa dent meurtrière. Bien qu'il s'accommode à-peu-près de tout, il y a néanmoins des choses qu'il préfère; on connaît sa prédilection pour les fraisiers et les salades, et j'ai remarqué que, parmi les rosiers, il s'attachait de préférence aux quatre-saisons, quand il avait le choix, sauf à revenir ensuite sur les autres. La nature, qui l'a doué d'une si grande voracité, lui a donné cependant les moyens d'exister avec bien peu de chose, et je l'ai vu bien fréquemment dévorer du bois mort sans y être contraint par le défaut d'autre nourriture, et souvent nous l'avons trouvé rongeant nos vieux échalas, dans lesquels il se pratiquait des espèces de cellules. On emploie chez moi, tous les ans, une grande quantité de crochets de bois sec et dur pour fixer en terre les rameaux de rosiers que nous couchons. Attiré bientôt par les arrosemens et le terreau, ces mêmes crochets devenaient sa pâture, et il les dévorait jusqu'au cœur; j'en ai conservé plusieurs qui sont de véritables curiosités en ce genre et des monumens historiques pour moi. Il ne montrait aucune préférence pour le rosier, commençait indistinctement par le bois mort ou le bois vert, mais finissait toujours par tout détruire. Il ne faut pas croire que cela n'arrivait que quelquefois ou de loin en loin; de plusieurs milliers de ces crochets employés dans mes cultures, quand on les retira de terre, il ne s'en trouva peut-être pas un sur cent, qui ne fût endommagé. On peut concevoir jusqu'à un certain point que ces insectes puissent vivre de bois mort; mais ce qu'il y a de plus extraordinaire, c'est que, doués d'un appé-

tit si vorace, ils puissent exister dans une terre
qui ne produit rien. J'ai vu dans mes environs,
en 1825 et 1826, des terres en jachère, sur lesquelles on ne voyait que quelque peu d'herbe
brûlée par la sécheresse, et qui renfermaient
une si prodigieuse quantité de vers blancs, que
quand on les labourait, on aurait pu facilement
en ramasser plusieurs boisseaux en peu de
temps. L'expérience m'avait appris qu'au plus
fort de la chaleur et de la sécheresse, ils ne
pouvaient, même la nuit, s'approcher plus
près que six pouces de la superficie du sol et
qu'ils ne pouvaient, par cette raison, tirer
parti du peu de racines desséchées, qui ne plon-
geaient qu'à quelques pouces en terre. J'avoue
que l'idée de penser que cet insecte vorace pût
vivre dans la terre seule, me parut d'abord
absurde; mais j'avais été malheureusement si
souvent à même de reconnaître d'une manière
positive la profondeur à laquelle la sécheresse le
forçait de demeurer, que je résolus de satisfaire
ma curiosité. Je pris un certain nombre de vers
blancs de force égale, je les distribuai dans de
grands pots à fleurs, que je remplis de terre prise
à huit pouces de profondeur, afin qu'elle ne
contînt que peu ou point de décompositions
végétales, et j'eus soin de donner à mes pots le

degré d'humidité nécessaire et l'exposition convenable. Tous les quinze jours, je culbutai un pot pour reconnaître l'état de mes vers, et pendant plus de deux mois que je les gardai, je ne m'aperçus pas qu'ils eussent souffert; la partie postérieure de leur corps qui contient les alimens et qui est transparente, me parut toujours aussi remplie, comparée à ceux du jardin, et je n'observai pas de différence sensible à l'œil. J'ai depuis répété cet essai, qui m'a donné le même résultat; j'en ai vu périr une fois deux, mais ils avaient succombé en changeant de peau.

A la vue des vers blancs hors de terre, on est frappé de la position constante qu'ils affectent sur le côté. La nature, à laquelle j'ai bien le droit de reprocher sa prévoyance à leur égard, les a conformés de manière qu'ils puissent, en embrassant les racines ou le collet des plantes, s'y tenir assez bien fixés pour qu'ils n'aient plus à s'occuper que de leur nourriture. Cette position sur le côté, et toujours en ligne courbe, ne leur permet que difficilement de rentrer en terre quand ils en sont dehors; mais elle leur sert singulièrement pour s'attacher aux racines ou au collet des plantes. Soit qu'ils mangent ou qu'il se reposent, on les trouve toujours formant un

cercle un peu ouvert; hors de terre, les mouvemens qu'ils se donnent tendent constamment à
rapprocher leur partie postérieure de leur tête.
Je n'ai pu, pendant tant d'années, observer
les vers blancs sans rencontrer quelque autre
sujet d'attention. Je connais trois autres variétés de vers qui ne sauraient être confondues
avec celle du hanneton; mais j'ignore à quels
scarabées ces vers appartiennent. Il en est un
plus court, ayant la tête plus petite, vivant
dans la vieille tannée, ne faisant aucun tort à
la végétation, et rampant sur le dos avec agi-
lité par un mouvement qu'il donne à son corps.
On remarque une grande différence entre la
manière dont ils mangent les arbustes et les
plantes; leurs morsures s'étendent sur toute la
longueur des racines des premiers, au lieu que
les plantes potagères et les fraisiers même sont
toujours coupés en travers; je n'ai jamais vu
nos salades mangées autrement, hors le cas où
la terre, devenue très-sèche, les forçait à at-
taquer leurs racines.

Si jamais quelqu'un porte assez d'intérêt à
ces insectes pour donner suite à mes observations, voici une chose que je recommande à
son attention et qu'il est indispensable de bien
connaître; car son ignorance entraînerait dans

de graves erreurs ou dans de faux jugemens. Les
vers blancs ne sauraient exister dans une terre
trop sèche ou trop humide, ces deux excès leur
sont également contraires; aussi la profondeur
où ils séjournent est-elle toujours déterminée
par le degré d'humidité du sol et même de l'air.
Ils vivent alors des racines qui plongent dans la
couche de terre où ils sont condamnés à rester;
on peut croire cependant que pendant la nuit
ils se rapprochent un peu de la superficie du
sol. Des pluies ou des arrosemens les y rappellent promptement, sans que jamais ils tentent
de s'exposer à l'air; il y a toujours alors six ou
huit lignes de distance entre eux et la terre.
En 1825, la sécheresse m'ayant obligé à faire
mouiller fortement mes couchis, il en résulta
en très-peu de jours la perte de tous mes plants;
car, attirés par l'humidité, tous les vers blancs
des environs s'en rapprochèrent. La profondeur à laquelle ils se tiennent étant toujours
déterminée par l'humidité du sol, on conçoit
qu'elle est très-inégale, puisque cette humidité
est dépendante de la qualité du sol, du voisi-
nage des arbres et de l'exposition. En 1825 et
1826, dans les plus grandes chaleurs, lorsque
l'air était embrasé et la terre dévorée par la
sécheresse, nous les trouvions jusqu'à dix et

douze pouces de profondeur, rongeant l'extrémité des racines. A cette époque, plusieurs centaines de milliers de salades couvraient mes jardins, j'en avais tiré un assez bon parti pour détruire ces vers pendant les humidités ; mais la couche de terre où ils vivaient était devenue si sèche, que les vers furent forcés de l'abandonner et de descendre plus bas. Cette circonstance est une de celles qui ont le plus contribué à mes pertes ; je n'avais plus d'armes contre eux à une telle profondeur, et il me fallut, de toute nécessité, détruire mes plants pour trouver les vers. Je suis naturellement curieux, et quand une pensée m'occupe fortement, il faut absolument que je me contente, sauf à perdre mon temps ou à trouver ce que je ne cherchais pas, deux choses qui m'arrivent quelquefois. Au printemps de 1826, je mis des vers de deux ans dans des pots remplis de terre, et je les déposai dans ma serre, dont les vitraux étaient recouverts de toiles. Tant que cette terre conserva de l'humidité, ils demeurèrent dans les pots ; mais lorsqu'elle l'eut entièrement perdue, ils vinrent se débattre à sa superficie. Quelques pots ayant été arrosés, ils rentrèrent en terre, et je fus témoin, pour les autres pots, de quelque chose qui m'étonna. Hors de terre, les

vers blancs, frappés par l'air et sur-tout par le
soleil, périssent en peu de temps ; ce fut ici
tout le contraire : plusieurs de ces vers vécu-
rent sur la terre des pots jusqu'à dix jours sans
cesser de s'y débattre ; ils devinrent extrêmement maigres et d'une couleur jaune foncé.
J'avais, comme on voit, atténué à leur égard
l'action de l'air et du soleil par le moyen de ma
serre et de mes toiles : c'est probablement à
ces causes qu'il faut attribuer leur longue existence hors de terre. Voici maintenant une par-
ticularité dont je dois la connaissance au hasard seul. Vers le 20 décembre 1825, je faisais
défoncer un morceau de terre, et je tenais à
voir terminer cette opération dans la journée,
le froid étant très-vif et la terre déjà gelée de
deux pouces. Les ouvriers allumèrent du feu
sur le lieu où l'on devait finir, et quand on en
approcha, on fut étonné d'y trouver un assez
grand nombre de vers blancs ; ils n'étaient qu'à
un ou deux pouces de profondeur et occupaient
sur le terrain un cercle dont le foyer formait
le centre. Trompés par la chaleur factice du
feu, ils avaient cru pouvoir quitter leur retraite : c'est la seule occasion où j'ai vu leur
prévoyance en défaut.

La manière dont ces vers percent la terre à

l'automne jusqu'à la profondeur de plus de deux pieds, sera toujours un sujet d'étonnement, sur-tout si l'on considère le peu de moyens dont ils sont pourvus. Rien ne les arrête : s'ils rencontrent un obstacle, ils l'évitent et le tournent jusqu'à ce qu'ils puissent reprendre leur marche perpendiculaire. Ils traversent souvent chez moi une couche de terre de dix à douze pouces d'épaisseur, extrêmement compacte et qui exige pour être entamée l'emploi d'une tournée. On doit présumer que les hannetons, pour sortir de terre, se servent des trous par lesquels les vers dont ils sortent ont descendu ; si on n'admettait pas cette supposition, que rien ne porte à rejeter, il deviendrait bien difficile d'expliquer comment ces insectes pourraient percer la terre. La conformation de leur tête ne présente qu'une partie peu propre pour ce travail, et la longueur de leurs pattes les leur rend inutiles. La profondeur où le ver blanc descend, qui est quelquefois de plus de vingt-sept pouces, le met à l'abri de la gelée, et son instinct lui apprend à ne pas se laisser surprendre par le froid. J'ai vu ici des années très-humides et très-chaudes, très-sèches et très-froides, et je n'ai pas remarqué qu'il en ait subi l'influence ; cependant, si les pluies étaient telles qu'elles pussent pénétrer l'hiver au fond de sa retraite, j'ai la certitude qu'il y périrait, quelle que soit la forme où il se trouverait.

Les variations subites de l'atmosphère et les pluies froides et prolongées font périr, au printemps, un grand nombre de hannetons. Ils sont très-sensibles au froid et supportent difficilement les petites gelées, qui ont quelquefois lieu pendant leur existence ; et c'est à ces causes seulement qu'il faut attribuer la rareté des vers blancs après une année très-abondante en hannetons. Heureusement que la nature, qui les a doués d'un instinct si sûr pour la conservation de leur espèce, semble avoir reconnu que leur excessive multiplication pouvait en quelque sorte compromettre l'existence des hommes et des animaux. Elle a donc sagement posé des bornes à leurs ravages en sacrifiant de temps en temps une partie de ces insectes à la conservation des lois générales qu'elle a établies.

Voici neuf ans que je remarque ici leurs ravages ; ceux qui ont paru avant cette époque avaient fait si peu de mal, que je n'en ai conservé ni notes ni souvenir. Ces neuf années forment trois générations de hannetons, et la

quatrième a commencé en 1827. En supposant
que les circonstances favorables qui ont singulièrement favorisé les hannetons pendant les
printemps de 1821 et 1824 se représentent encore en 1827, et admettant que la moitié seulement des vers parviennent à leur deuxième
année, ce qui donnerait à-peu-près douze ou
quinze vers par femelle, en ne comptant maintenant, pour opérer toujours dans le sens le
moins favorable, qu'une femelle sur trois hannetons, je trouverais que pour l'année 1828 les
désastres devraient être douze fois plus considérables qu'en 1825. Ne les supposerions-nous
encore que de six fois, les pertes n'en seraient
pas moins immenses; mais on ne pourra s'en
faire une idée qu'après la lecture de cet écrit.
Je n'ai pas de raisons de m'exagérer des malheurs que je ne peux détourner s'ils sont pour
arriver; mais mes conjectures sont fondées sur
des connaissances acquises par des recherches
nombreuses et par des expériences multipliées.
C'est le printemps qui décide du plus ou
moins grand nombre de vers que les hannetons nous laissent : des gelées tardives, des
pluies froides, des vents d'est ou du nord peuvent à la vérité en détruire beaucoup ou les
refouler sur d'autres lieux; néanmoins la pru-

dence conseille aux cultivateurs de terrains secs et légers de s'abstenir de fumer et de labourer au printemps, il vaut mieux différer ces travaux après la ponte. Tout s'enchaîne dans la nature pour celui qui veut réfléchir, et souvent nous pouvons trouver matière à de bonnes observations dans des choses qui, au premier coup-d'œil, paraissent étrangères entre elles. Ainsi, en comparant depuis dix ans l'influence que le printemps a exercée sur la prospérité de nos vignes, je suis conduit à reconnaître que, pour les années à hannetons, elles ont profité comme eux des circonstances favorables qui ont protégé et servi la multiplication de ces insectes, et si, cette année, nos vignes avaient gelé, nous serions en grande partie débarrassés d'eux.

On dit, à la campagne : *année de hannetons, année d'abondance.* Rien sans doute n'autorise ce dicton, et il serait plus juste de dire, toutefois dans un sens très-étendu : Année de vers blancs, année d'abondance ; car ils sont le résultat de la douceur du printemps, et assez généralement pour ces pays, c'est le printemps qui décide de l'année. Il y a des hannetons tous les ans, et par conséquent la terre, dans une même année, renferme des vers de trois âges différens, ce n'est néanmoins que tous les trois ans que le plus grand nombre paraît; cependant quelques circonstances, au nombre desquelles il faut placer les gelées printanières, peuvent, en détruisant une grande partie des hannetons d'une année, apporter quelques changemens à cet égard (1).

---

(1) Cette brochure devait être imprimé en mars; mais quelques raisons qui me sont particulières en ont retardé l'impression. Je n'ai pas jugé à propos d'y rien changer; mais je consigne ici quelques observations faites au printemps de cette année.

C'est pendant la nuit du 28 au 29 avril qu'a eu lieu la plus grande sortie de terre des hannetons. Le matin, les rosiers à tiges s'en trouvèrent tellement chargés qu'ils pliaient sous leur poids, deux personnes en peu de temps en emplirent la moitié d'un tonneau; ils dévorèrent pendant cette nuit presque toutes les feuilles et ne laissèrent que leurs pétioles. Heureusement, les deux jours suivans, le vent souffla du nord avec assez de violence et nous débarrassa de suite d'environ des deux tiers. Les pluies abondantes qui eurent lieu à cette époque me parurent nuire singulièrement à leur multiplication et l'accouplement eut lieu dans une proportion bien plus faible que je n'avais coutume de le remarquer. Dans quelques parties de mon jardin qui se composent de terres plus légères, j'ai souvent compté, sur douze pouces carrés, huit, dix et jusqu'à quatorze trous par lesquels les hannetons étaient sortis ; cependant j'avais employé pendant deux ans sur ces parties tous les moyens de destruction possibles. Si pendant les premiers jours de mai le vent eût soufflé du sud et qu'ils eussent été servis par les circonstances atmosphériques qui en 1824 ont protégé leur multiplication, une grande partie du territoire de nos environs aurait été frappée d'une stérilité complète.

CHAPITRE III.

EXPOSÉ DES DÉGATS.

———

Quand on a eu, comme moi, le malheur d'être à même d'étudier cet insecte et d'apprécier ses dégâts, on demeure frappé d'un sentiment pénible en considérant la durée de son existence, la faiblesse des moyens avec lesquels il la soutient, le peu d'ennemis qu'il a à redouter et la faiblesse de nos ressources pour le combattre. Je ne connais pas d'insecte qu'on ne puisse détruire, ou dont on ne puisse au moins sensiblement atténuer les ravages avec du soin, de la patience et sur-tout de l'argent. Il est peut-être le seul qui rende nuls entre nos mains presque tous les moyens que suggèrent l'intelligence et l'industrie, lorsque sa multiplication est arrivée au point où je l'ai vue chez moi dans ces dernières années.

Je ne parle pas des dégâts que les hannetons occasionnent ; ils sont légers, si on les com-

pare à ceux de leurs vers : ils peuvent, à la vérité, par la destruction des feuilles, rendre un
arbre languissant et stérile pour plusieurs années; mais comme ils se portent de préférence
sur les arbres élevés, le dommage est moins
grand et la perte ne saurait s'ensuivre; ils dédaignent presque toujours les plantes basses et
les jeunes arbustes : devineraient-ils que plus
tard leurs vers en auront besoin? Du moins on
les voit, ils ne sauraient échapper à une surveillance active et soutenue, sur-tout si l'é-
goïsme des habitans des campagnes pouvait
être vaincu ou forcé par de bonnes lois à cet
égard.

C'est du dégât des vers que je m'occuperai,
et ce sera pour moi une tâche pénible : car je
serai presque toujours l'historien de mes propres désastres. Dans sa première année, le
ver blanc fait peu de mal, parce que sa grosseur étant encore peu considérable et ses morsures peu profondes, elles peuvent en partie
se cicatriser, même après sa descente en terre :
en effet il est rare de perdre des plants d'une
certaine force pendant cette année, et les
plantes en général souffrent plus que les arbustes. C'est à la deuxième année qu'il exerce
ses plus grands ravages ; car alors il dévore la

végétation pendant près de sept mois. J'ai vu, dans nos environs, des pièces entières de plusieurs arpens qu'il avait totalement détruites, et de jeunes luzernes qu'il avait réduites à un état tel, qu'on y remarquait des places de plusieurs perches qui n'offraient plus aucun signe de végétation et qu'il fallut retourner ; des champs de fraisiers, de pois et d'autres légumes éprouvèrent le même sort. Et il ne faut pas croire qu'un tel fléau ne frappe que quelques pièces isolées, il s'étend quelquefois à de grandes distances ; j'ai vu, il y a six à sept ans, plus de cinquante arpens de terre ensemencés en orge et avoine qui ne furent pas récoltés. Des renseignemens qui me sont parvenus attestent qu'à différentes époques des parties considérables de territoire ont été exposées à des dévastations d'autant plus cruelles qu'elles ont toujours lieu deux années de suite. Le département de la Sarthe, dans ces dernières années, en a singulièrement souffert. Ayant eu, au mois de juin 1825, l'occasion de le traverser, je fus témoin des grands dégâts que cet insecte avait déjà causés, bien qu'il ne fût encore qu'au milieu de sa seconde année. Il est une considération qui, au premier coup-d'œil, doit frapper d'étonnement les personnes qui réfléchissent et qui sont assez heureuses pour ne pas le connaître, c'est l'inspection des lieux où il exerce ses ravages : en effet, dans un terrain quelconque d'une certaine étendue, on remarque des parties entières dévastées et d'autres très-proches, contiguës même, qui ne sont nullement endommagées. Ces singularités fréquentes, qui avaient lieu d'une manière si prononcée sur des terres de qualités égales et situées aux mêmes expositions, excitèrent d'abord mon attention et me portèrent à en rechercher les causes. Je connaissais trop bien les habitudes du ver blanc pour croire qu'il pût se déplacer à une certaine distance, comme, par exemple, d'un champ à un autre. Il ne me fut pas difficile de voir qu'il fallait remonter aux causes primitives et prendre en considération toutes les circonstances qui pouvaient déterminer la ponte de la femelle du hanneton sur telle partie d'une localité ou fraction même d'un terrain. C'était déjà pour moi un grand point d'être fixé à cet égard ; mais il me restait encore à examiner les causes dans leurs effets, les rapports qu'elles avaient entre elles, la modification ou l'influence qu'elles pouvaient exercer sur l'instinct de cet insecte. Il fallait pour cela parcourir différentes localités, comparer les terrains et les expositions, reconnaître d'une manière précise les lieux dévastés, et se reporter sur-tout à l'état du sol lors de la ponte. Ces recherches m'étaient faciles, elles pouvaient se faire fréquemment autour de moi et tous les jours sur mon propre terrain. Le défaut d'éducation chez les gens de la campagne ne leur permet pas de réfléchir sur cet insecte, qu'ils ne connaissent que par sa forme et ses dégâts. On conçoit d'ailleurs facilement qu'un sujet qui doit être envisagé et étudié longuement sous tant de points différens réclame, du côté de l'intelligence, des qualités que ces gens ne sauraient avoir.

Mais si, sous le rapport de la grande culture, ces pertes sont déplorables, à combien plus forte raison le sont-elles quand il s'agit d'un terrain consacré à l'horticulture! J'estime que, chez moi, la perte réelle sur six arpens de terre a été vingt fois plus forte que celle qui a pesé sur la commune entière. En prenant le terme moyen de tous mes plants quelconques, sans égard à l'âge, je trouve un résultat d'environ vingt-cinq mille par arpent, et des arpens entiers ont été dévastés dans une proportion si forte, que, sur quelques points, ce qui survécut n'était pas un sur cinq cents. Mon jardin se divise en deux parties séparées, d'à-peu-près trois

arpens chacune. Dans la première partie atte-
nante à la maison, et qui contient mes serres, se
trouvaient renfermées la majeure partie de mon
école , mes études, mes semences, et généralement ce que j'avais de plus précieux. Tous mes
soins se portèrent sur cette partie, le mal fut
atténué avec beaucoup de dépenses; néanmoins
la perte, sur le nombre général , s'éleva à plus
du tiers et dans quelques endroits des planches
entières contenant plus de quarante plants dis-
parurent en totalité. Ces pertes cependant,
toutes considérables qu'elles étaient, n'appro-
chèrent pas de celles que j'éprouvai dans la
deuxième partie, où se trouvaient mes grandes
multiplications. Je ne sais pas si, eu égard à la
contenance du terrain, on peut citer un autre
exemple d'une pareille dévastation. J'ai dit que
ce terrain contenait environ trois arpens et je
n'exagère pas en disant que pendant les années
1825 et 1826 plus de cinquante mille plants
furent dévorés. Dans la division de ces pertes,
il faut en mettre les trois quarts pour 1825, où
le ver blanc , se trouvant à sa deuxième année,
exerça ses ravages pendant sept mois. Ce dégât
épouvantable s'étendit sur des sujets greffés et
non greffés et sur une grande quantité de francs
de pied, dont la perte pour moi se fera sentir

pendant plusieurs années. Dix mille beaux églantiers de trois à quatre pieds terminaient mes plantations au couchant, il n'en échappa que six cents, encore j'affirmerais bien qu'ils étaient tous plus ou moins attaqués. Les planches se composaient de cent vingt-cinq sujets plantés sur deux rangs, et il arriva souvent qu'il n'en resta pas un seul; tous les légumes furent détruits, et les jeunes arbres qui prospéraient au nord succombèrent au midi. Parmi ces malheurs, considérant que les vers qui me dévoraient n'étaient qu'au milieu de leur existence, et calculant le dégât qu'ils pouvaient encore faire, je pris le parti de faire arracher tous les sujets morts ou attaqués, afin de les détruire. Cette mesure violente, mais indispensable, opéra la destruction de plusieurs milliers de ces insectes et dut nécessairement réduire de beaucoup mes pertes en 1826. On trouvait presque toujours d'un à cinq de ces vers sous chaque plant, et pendant des mois entiers une partie de mes ouvriers ne fit autre chose que de les chercher. Je crois, pendant l'été de 1825, avoir détruit environ un tiers des vers qui infestaient cette pièce de terre, mais aussi à quel prix! Emblavée pendant l'hiver et couverte, au printemps, de superbes plantations qui devaient payer mes soins à la deuxième année, elle ne présentait plus, à l'automne, que l'image d'une épouvantable dévastation, et il fallut la replanter de nouveau.

Grâce à l'activité et aux soins prodigués pendant l'année précédente, en 1826, ma perte ne fut pas à beaucoup près aussi considérable. C'est sans doute une triste consolation que celle qui résulte d'une diminution de perte; mais enfin c'en est une, et en comparant les deux années, j'ai pu me trouver content : quelques centaines de milliers de salades, malgré la sécheresse qui ne m'avait pas permis d'en tirer tout le parti possible, m'avaient procuré quelques moyens de destruction et fait attendre plus patiemment la fin de juin, où nos vers devaient rentrer en terre pour la dernière fois.

Le morceau de trois arpens dont je viens de parler, et qui est clos de murs, fait partie d'une pièce de huit arpens qui est entourée de chemins au pourtour et forme un carré long. J'étais depuis plusieurs années locataire d'un arpent au midi, qui s'étendait sur toute la largeur de la pièce, et il est à remarquer que pendant cinq ans que je l'ai cultivé, je n'y ai jamais vu un seul ver blanc. Un treillage en échalas me séparait du reste de la pièce, dont j'avais trois arpens à l'autre extrémité, et jamais je ne me suis aperçu qu'il ait tenté de le franchir. Il est bien évident que si je n'avais pas de vers sur mon arpent, c'était parce que la femelle n'y avait pas pondu; mais pour s'expliquer l'absence totale de ces insectes sur un point si rapproché, et leur prodigieuse quantité sur l'autre, il faut se reporter à l'état des lieux au printemps de 1824, année où parurent les hannetons, cause de nos désastres. Ma pièce entièrement plantée en églantiers depuis deux ans n'avait pas encore été fumée; on l'avait à la vérité labourée au printemps, mais les travaux journaliers que nécessite à cette époque l'ébourgeonnement des plants avaient rendu la terre d'autant plus ferme que je ne plante que sur deux rangs. Le restant de la pièce formant sept arpens, qui appartenait alors au même propriétaire, fut ensemencé en avoine sur un défriché de luzerne après deux labours. La qualité de la terre, égale sur toute la pièce, est un peu légère, douce, perméable à l'eau, d'une nature assez sèche, et offrait à la femelle du hanneton la réunion de tous les avantages désirables pour la conservation de ses œufs et l'existence des jeunes vers qui en devaient naître. En considérant, pendant ces deux années désastreuses, la situation des terres qui m'entouraient, sous le rapport du dégât des vers et sous celui de leurs emblaves en 1824, j'ai constamment remarqué que si la qualité du sol ou l'exposition entrait pour beaucoup dans les causes qui déterminent la ponte de la femelle sur tel ou tel point, la division de la terre, la nature des engrais et la direction des vents, devaient se placer au premier rang des causes secondaires. J'aurais tort sans doute de chercher à tirer vanité de connaissances si chèrement acquises, et notre orgueil peut s'humilier en présence d'un vil insecte qui nous brave encore impunément ; mais néanmoins pour les lieux que j'habite ou qui m'entourent, je pense que je pourrais déterminer d'une manière assez précise l'étendue des dégâts qui auront lieu en 1828, en raison de l'état des localités et des circonstances atmosphériques, qui ont pu influer sur l'accouplement et la ponte de cette année. En mettant en ligne de compte la quantité approximative des vers détruits à l'automne de 1824 sur ma pièce de trois arpens, lors du grattage du chaume et du défoncement ; celle bien plus considérable, résultant, en 1825 et 1826, des fouilles de plus de quarante milliers de plants de toute nature, et en supposant, ce qui est probable, que la moitié a échappé à nos recherches, je trouve que j'ai dû avoir un ver sur neuf pouces carrés de terrain; en prenant maintenant dix-huit pouces pour terme moyen de la distance de tous mes plants quelconques, à cause des allées et sentiers, ce seraient deux vers par plant; et certes ce calcul n'est pas exagéré. Si on réfléchit que toutes ces plantations étaient de l'hiver précédent, que par cette raison les plants étaient faibles; que les vers, agissant dans une terre défoncée de seize pouces, pouvaient se porter promptement dans toutes les directions, on concevra alors le dégât qu'ont dû causer plus de cent cinquante mille vers parcourant instantanément et en tous sens une terre facile à diviser. Depuis le 15 avril jusqu'au 15 juillet, les pertes se succédèrent avec une effrayante rapidité et se multiplièrent dans des proportions telles, que je conçus un jour le projet de détruire tous mes carrés d'églantiers, dont le nombre dépassait vingt-cinq mille. Je n'exécutai néanmoins ce projet qu'en partie, mais plus tard je reconnus que j'avais eu tort de capituler avec eux et de ne pas m'être exécuté moi-même. Je pense, avec quelque vraisemblance, que les vers, lorsqu'ils

remontent au printemps à la superficie du sol,
sont affamés et que pendant les premiers jours
leurs ravages sont très-considérables. Au-delà
de la pièce dont je viens de parler, les dégâts
étaient presque nuls; plusieurs parties semées
en blé l'année précédente s'en trouvaient préservées, car je remarque que la femelle pond
rarement dans les blés d'automne; ils couvrent la terre au printemps, et la fraîcheur
qu'ils entretiennent sur le sol suffit pour l'en
éloigner.

Ceci explique encore pourquoi les vignes de
quelques années ont été préservées, tandis que
les jeunes ont souvent péri. J'ai eu lieu, dans
ces occasions, de remarquer la complète ignorance de nos habitans, qui sans doute ne com-
prendront jamais les métamorphoses du hanneton; la classe éclairée de la société qui habite
la campagne une partie de l'année ne possède,
en général, sur cette matière que des connaissances très-bornées: en enviant leur heureuse
ignorance, hâtons-nous de reconnaître combien il est difficile d'observer un insecte, qui,
hors le peu de temps qu'il vit sous la forme
de hanneton, dérobe constamment à nos regards ses métamorphoses, sa longue existence et le secret de ses habitudes. Si, plus

heureux que les naturalistes qui s'en sont occupés, j'ai pu ajouter quelques pages à l'histoire de ces insectes, je n'en suis redevable
qu'aux circonstances particulières où je me
suis trouvé placé et à mon goût pour l'observation.

————

CHAPITRE IV.

MOYENS DE DIMINUER LE MAL, — DE DESTRUCTION.
— QUELQUES AVIS.

Si l'on n'avait pas à la campagne à lutter contre l'égoïsme, l'insouciance et l'entêtement même des habitans; si, par des réglemens sévères, on pouvait forcer leur répugnance pour des mesures nouvelles, mais utiles; si les autorités locales étaient bien convaincues de leur importance; si enfin le Gouvernement accordait des primes pour la destruction des hannetons, nous verrions bientôt le mal que je signale diminuer sensiblement, et nous n'aurions plus à redouter des désastres bien pires que la grêle la plus meurtrière. Par tout ce que j'ai dit jusqu'à présent, on a dû voir quelle haute importance il est nécessaire d'attacher à la destruction des hannetons. Cette opération, pour être utile, devrait avoir lieu aussitôt qu'ils paraissent, afin de ne pas donner le temps aux femelles de déposer leurs œufs en terre; elle devrait être simultanée et continuée pendant toute leur durée sans interruption et plusieurs fois par jour; mais il faudrait sur-tout de la bonne volonté et de l'accord, deux choses que dans les campagnes on n'obtient presque jamais par la persuasion. Le grand matin est le moment le plus propice pour la recherche des hannetons; ils sont bien moins agiles que dans la journée, leur destruction est alors si facile et leur engourdissement tel, qu'il ne faudrait à des gens raisonnables qu'un peu de bonne volonté pour les détruire en grande partie.

Mais autant le hanneton est facile à détruire, autant son ver présente de difficultés pour être atteint dans un terrain emblavé : c'est alors que nous payons bien cher notre négligence; car du moment que la femelle a déposé ses œufs dans la terre, sa postérité est à l'abri de nos regards pendant trente-cinq mois. Ce serait ici le lieu de faire connaître les moyens employés pour la destruction des vers; mais après avoir lu ce qui a été écrit à ce sujet, j'ai reconnu que de tous les procédés indiqués dans les ouvrages dont j'ai connaissance, aucun ne pouvait atteindre le but désiré. Les uns sont inutiles ou insuffisans; les autres, praticables pour de petits jardins, ne sauraient être employés pour

une culture seulement d'un arpent. On recon-
naît de suite que leurs auteurs étaient étrangers
aux habitudes et à l'organisation de ces insectes ; plusieurs même ont paru ignorer sa longue existence ou l'ont exagérée. On a rapporté
à ce sujet des choses absurdes : en voici un
exemple que je cite, afin de montrer combien
ceux qui sont chargés de la direction des ouvrages scientifiques doivent apporter de prudence et de discernement dans le choix des
articles qui leur sont communiqués.

« Un cultivateur de Norton (Grande-Bretagne)
» fit dernièrement l'essai de joncher de têtes de
» navets une pièce de terre semée en froment de
» la contenance de trois ares, qui était infectée de
» vers blancs. Le lendemain matin, on trouva
» cent cinquante de ces animaux malfaisans sur
» une seule tête de navet, et la quantité qu'on
» en recueillit de cette manière suffit pour
» en remplir trois boisseaux et demi ; renou-
» velée, cette expérience eut pour résultat de
» purger entièrement le champ en question de
» cette espèce de ver. » (*Wechly Register.*)

Il paraît évident que c'est du ver du hanneton qu'il est ici parlé ; s'il n'en était pas ainsi,
l'estimable auteur qui cite cet article en aurait
fait mention. J'étais bien loin de croire au suc-

cès de ce procédé; néanmoins je l'essayai plusieurs fois et de diverses manières, je fis même
jeûner des vers; mais jamais je ne pus les dé-
cider à sortir de terre. J'avais reconnu, depuis
long-temps, l'inutilité ou l'insuffisance des
moyens indiqués pour détruire ces vers, et
j'avais compris de bonne heure qu'il fallait d'a-
bord étudier l'insecte lui-même, afin de connaître de quelle manière il pouvait être vulné-
rable. Cette étude m'a conduit beaucoup plus
loin que je ne pensais, et entraîné par mes
goûts, sans avoir encore trouvé ce que je cherchais, j'ai du moins acquis sur cet insecte quelques connaissances positives, qui, à la vérité,
m'ont coûté un peu cher.

On a remarqué que le ver blanc dévorait de
préférence les fraisiers et les salades et on con-
çut l'idée de s'en servir comme appât; quant
au fraisier, la difficulté de se procurer du plant
en quantité suffisante, même pour un petit jardin, et d'en avoir toujours de prêt à repiquer
au besoin pendant six mois, rend ce moyen de
peu de secours; car d'abord il serait dispendieux et ne pourrait convenir pour des jardins
d'une certaine étendue. Je préfère les diverses
sortes de salades, mais particulièrement la ro-
maine verte, parce que ses feuilles longues et

droites indiquent plus promptement la présence de l'insecte, et que leur couleur tranche mieux sur la terre. Avec un peu d'habitude et en n'attendant pas trop tard, lorsque les feuilles commencent à incliner vers la terre, on trouve infailliblement le ver au pied, occupé à les manger. C'est ce moyen et celui des binages fréquens que j'ai, à défaut de mieux, employés en 1825 et 1826, sur lesquels je donnerai quelques détails. Ayant reconnu que les vers se portaient de préférence aux plantes dont les racines étaient tendres et que les diverses espèces de salades étaient le moyen le plus simple et le plus économique à employer pour leur destruction, je pris mes précautions de manière à avoir toujours à ma disposition des planches entières de plants qui devaient se succéder l'une à l'autre et servir à remplacer le grand nombre de salades qui étaient dévorées journellement. En 1826, la quantité de salades qui couvraient mes deux principaux jardins était le résultat de trois boisseaux de graines bien nettes que j'avais fait semer après les labours du printemps. Le nombre en était si considérable, que je fus forcé plus tard de les faire éclaircir. Tant que la terre fut humide, ce moyen me réussit assez bien : des ouvriers, avec des outils propices, enlevaient tous les jours les plants attaqués et détruisaient un grand nombre de vers ; mais la sécheresse étant survenue et la couche de terre où se trouvaient les racines ayant perdu le degré d'humidité nécessaire à l'existence des vers blancs, ils descendirent plus bas, abandonnant les salades pour s'attacher aux racines inférieures des rosiers. J'aurais bien pu les rappeler près de la superficie de la terre en arrosant abondamment; mais je n'avais pas à beaucoup près assez d'eau, et la chose eût été très-dispendieuse. Je regarde l'emploi des salades ou de toute autre plante prompte et facile à multiplier, comme un moyen qui peut convenir à de petits jardins, en ayant l'attention d'avoir toujours du plant en état d'être repiqué; mais il faudrait commencer ses semis de salades de très-bonne heure, afin d'avoir déjà du plant bon à servir de pâture aussitôt qu'ils sont remontés: alors avec beaucoup de surveillance et le soin de remplacer tous les jours celles que le ver a mangées, on peut, sur un petit espace et sur-tout quand on ne manque pas d'eau, atténuer sensiblement le mal qu'ils pourraient faire; mais pour de grands jardins, ce moyen, tout simple qu'il paraît, devient encore très-dispendieux et ne saurait, sous ce rapport, pouvoir s'appli quer à la grande culture. Il en est de même des binages, qui ne peuvent avoir lieu que pour les cultures espacées. J'ai employé avec quelque succès, au printemps sur-tout, et après des pluies, des binages qui ont été exécutés avec des crochets à deux ou trois dents ; mais il faut profiter du moment où la terre est humide : car quand elle commence à sécher, les vers descendent plus bas, le travail devient alors plus difficile et endommage les racines ; malgré ces moyens, que secondait une surveillance de tous les instans, et malgré l'avantage que je pouvais tirer de mes connaissances, je ne crois pas avoir détruit plus d'un tiers de mes vers en 1825 et 1826, encore la plus grande partie ne le fut qu'après le dégât qu'ils avaient causé. La destruction du tiers à-peu-près doit s'entendre de la quantité répandue sur mes six arpens ; car dans quelques endroits on parvint à les prendre tous. Voici quelques signes auxquels on peut reconnaître les arbustes attaqués par le ver. La végétation s'arrête, le bois s'août, l'extrémité des branches se dessèche, les feuilles jaunissent et tombent en commençant par les premières ; un air de souffrance se fait remarquer dans toutes les parties de la végétation ; les feuilles, demeurées petites, se fanent ; l'écorce devient adhérente au bois et bientôt la mort s'ensuit. Un sujet dans un tel état est perdu et on ne doit pas balancer à l'arracher pour détruire les vers. Quand on s'aperçoit à temps de sa langueur, on peut fouiller le pied avec précaution ; mais comme après cette opération il faut toujours mouiller, il arrive très-souvent que l'humidité appelle les vers qui sont à l'entour. Dans ce cas, lorsqu'il s'agissait de sujets précieux, je faisais planter une couronne de salade à six pouces du pied, afin d'arrêter ceux qui auraient tenté de s'en approcher. Quant aux plantes, leur organisation ne leur permet pas de résister à leurs attaques aussi long-temps que des arbustes ; les feuilles se fanent promptement après les premières morsures, et décèlent leur présence. On peut voir que la destruction des vers blancs est presque toujours le résultat d'une perte ; que les moyens indiqués sont insuffisans, même pour de petits jardins, dispendieux pour les terrains d'une certaine étendue et inutiles sur-tout pour la grande culture. Il faut donc s'écarter des routes suivies jusqu'à présent et demander à la sollicitude du Gouvernement, au zèle des Sociétés savantes, aux secrets de la chimie, à l'intelligence des agronomes, des moyens plus efficaces pour combattre ce redoutable ennemi de nos cultures. La Société d'agriculture du département de Seine-et-Oise a décerné, en 1826, à un pépiniériste des environs de Versailles une médaille d'encouragement pour la découverte d'un outil à cinq dents propre à la destruction du ver blanc. C'est une véritable satisfaction pour moi de voir qu'avant même la publication de cet écrit, la Société d'agriculture de mon département avait senti l'importance d'arrêter les ravages de cet insecte; il est flatteur pour moi de lui voir partager mon opinion et mes craintes, et l'espoir d'obtenir de sa part une honorable bienveillance me donne de nouvelles forces pour un travail qui me rappelle à chaque instant des déplaisirs ou des pertes; mais je dois à la vérité de déclarer que ce n'est pas dans la forme particulière d'un outil quelconque qu'il faut aujourd'hui chercher les moyens de s'opposer aux ravages de ces insectes: il faut remonter plus haut et détruire d'abord les hannetons pour avoir moins de vers. Il faut demander des armes à l'Autorité, des secours à la science et ne pas compter sur-tout sur les moyens de persuasion auprès des habitans des campagnes; il faut enfin que les autorités locales secondent de tout leur

pouvoir les mesures de l'Administration et agissent de concert pour faire à ces insectes une
guerre d'extermination.

Il serait utile d'examiner si, par des procédés
chimiques ou autres, il ne serait pas possible,
ou d'éloigner les hannetons, ce qui ne serait
qu'un palliatif, ou de détruire les œufs ou les
jeunes vers, ce qui vaudrait infiniment mieux.
Tout ce que j'ai dit jusqu'à présent repose sur
des vérités positives, confirmées par de nombreuses expériences et par une suite d'observations si variées, si multipliées, que l'occasion
de les reproduire dans leur ensemble ne se
présentera peut-être jamais à un esprit observateur. Je vais rapporter quelques moyens pour
atténuer les dégâts de ces insectes, qui m'ont
été communiqués, mais qu'il ne m'a pas été
possible de vérifier, et j'émettrai mon opinion
sur quelques autres dont je regarde la réussite
comme probable, en raison toutefois des sols
et des localités, qu'il ne faut jamais perdre de
vue. C'est un appel que je fais aux sciences, à
l'industrie, au zèle éclairé de quelques personnes, aux intérêts particuliers de beaucoup.
Cherchons donc à opérer la destruction des
œufs ou des vers par l'emploi des matières que
les localités offrent. Les faire périr dans la

terre, tel est le but qu'il faut tâcher d'atteindre, et qui certes mériterait bien les honneurs d'un concours.

J'avais remarqué que les vers blancs ne se trouvaient pas dans les terres marneuses, calcaires ou salpêtrées, et j'avais cru qu'il serait possible de tromper leur instinct à cet égard. Au printemps de 1824, je fis couvrir une partie de mon jardin de plâtre en poussière et je la rendis blanche comme de la neige. Ce moyen ne me réussit pas, et la femelle y pondit comme ailleurs; j'ai de même employé la poudrette sèche sans aucun avantage. Je présume cependant que l'emploi fréquent de vieux plâtras écrasés, et que des marnes ou substances analogues, employées comme engrais pour la culture des arbustes, finiraient par éloigner la femelle. Un cultivateur m'a fait connaître qu'un grand propriétaire employait avec succès les plâtras écrasés, en déchaussant ses arbres et en en interposant une couche entre les premières racines et la terre. On pourrait peut-être tenter de tirer quelque parti du bruit, du feu, des odeurs et de la fumée : ce dernier moyen pourrait réussir, selon moi, par l'aversion que tous les insectes en ont; sa simplicité engage au moins à l'essayer. En couvrant une partie quelconque

de terrain de fumier long, de paille, de feuilles
ou de toute autre matière qui couvrît la terre
de plusieurs pouces, il est probable que la femelle, qui ne pond que dans les terres facilement ouvertes aux influences de l'air ou dans
les fumiers consommés, n'en approcherait pas
et passerait outre. En donnant à ces matières
une épaisseur beaucoup plus forte, je pense
que la fraîcheur constante qu'elles entretien-
draient sur le sol pourrait faire fuir ou périr
les vers. Ce serait toujours une ressource pour
l'horticulture qu'un moyen qui préserverait
quelques planches où l'on réunirait ce qu'il y
a de plus précieux ; cependant, comme je l'ai
dit, ce n'est là qu'un palliatif, qu'il ne faut sans
doute pas dédaigner, mais qui ne doit pas fixer
particulièrement notre attention. C'est dans la
terre qu'il faut atteindre les vers ; c'est là que
les coups les plus sûrs doivent être portés, et
nous avons besoin pour cela de demander à la
chimie des conseils et des secours. Il est probable que les vers blancs pourraient être détruits dans la terre par l'emploi des eaux aux-
quelles on aurait ajouté du sel, de la potasse,
de la chaux ou quelques autres matières âcres
et corrosives ; des eaux où l'on aurait fait in-
fuser des plantes à odeur forte pourraient pro-

duire le même effet, et je pense que celles où le chanvre a été déposé seraient de ce nombre. Nous avons autour de nous une infinité de plantes et d'arbustes qui croissent spontanément et sans culture, et qui pourraient être soumis à l'expérience, soit seuls, soit réunis; il en est de même de beaucoup de substances employées dans les arts ou dans les manufactures, dont les résidus sont souvent perdus (1). Les matières fécales, les urines, hors celles des

---

(1) On pourrait encore employer avec succès les cendres de tourbe et la poudre d'os. Ce dernier engrais surtout, le plus puissant peut-être que l'agriculture ait mis en usage, mérite de fixer particulièrement l'attention de ceux qui s'occupent des sciences agricoles. Dire que pendant plusieurs années les Anglais ont fait ramasser les os sur le Continent pour les réduire en poudre, c'est faire connaître l'importance qu'ils attachent à cet engrais, que déjà depuis long-temps ils ont su apprécier, et dont l'usage chez nous n'est pas encore très-répandu. Cet engrais se recommande sur-tout par la facilité de son transport et sa longue durée.

M. Lainé, négociant-droguiste à Paris, rue de Paradis, n°. 10, au Marais, s'occupe, à Saint-Denis, de la confection de ces engrais, et les livre au commerce aux prix suivans:

Cendre de tourbe, 7 f. 50 c. le setier, ou 5 f. les 100 kil.;

Poudre d'os, 10 fr. le setier, ou 6 fr. les 100 kilogr.

animaux, sont loin d'être à dédaigner; on ne doit rien négliger de ce qui offre quelques probabilités de succès; le remède doit être autour de nous, il ne faut que le courage de le chercher. L'emploi de ces diverses matières, soit seules, soit combinées ensemble, pourra agir de deux manières sur ces insectes : d'abord en saturant la terre de sels ou d'odeurs qui leur seraient préjudiciables. Ensuite en agissant sur eux plus directement en leur faisant éprouver des sensations funestes. Ces observations soulèvent une question qui n'est pas sans intérêt : quelle que soit la manière dont ces eaux agissent, les vers ne seront-ils pas plus portés à chercher leur salut dans la couche de terre inférieure qui n'aura pas été pénétrée par les eaux, que de venir périr à la superficie du sol, comme les Anglais le prétendent? J'avoue que, raisonnant d'après mon expérience, et connaissant combien le ver blanc est sensible à l'action de l'air, je crois qu'il sera plutôt porté à descendre qu'à sortir de terre; cependant je dois prévenir que je citerai bientôt un fait, qui, s'il était véritable, ne s'accorderait plus avec mon sentiment; il faut d'ailleurs observer que l'action de ces eaux sur lui peut être telle qu'il périsse de suite, ou n'ait plus la force de

descendre ou de remonter. Obtenir la destruction des vers blancs par des procédés simples,
peu dispendieux, capables d'être employés par
les gens de la campagne ; faire en sorte que ce
moyen ne soit pas nuisible à la végétation,
voilà le problème à résoudre, et je suis loin
de le croire insoluble : si ce sujet était mis au
concours, ce serait sans doute là le fond de la
question. Il ne faut pas perdre de vue que ce
n'est qu'au printemps ou par les temps humides qu'il faut opérer, car alors les vers sont
près du sol ; plus tard, il faudrait pour les atteindre une bien plus grande quantité d'eau,
qui, peut-être, pourrait nuire à la végétation.
Il serait sur-tout bien important de déterminer l'action de ces eaux sur les biens de la
terre, en faisant de nombreuses expériences
comparatives ; car on doit penser que le degré
de délicatesse des plantes étant en raison de
leur nature et de leur âge, telle plante pourra
succomber, tandis que d'autres n'en souffriront
pas et pourront même s'en trouver bien. Le
degré de force à donner à ces eaux devrait
donc se déterminer par la nature des cultures
sur lesquelles on doit opérer, et alors la destruction des vers doit être plus facile parmi des
arbustes que parmi des plantes. Les premiers

essais ne seront guère que des tâtonnemens, et il sera nécessaire d'opérer d'abord sur peu d'espace. Je conseillerais l'emploi de mauvais tonneaux sans fonds, qui seraient enterrés presque jusqu'aux bords, au nombre au moins de quatre ou cinq. Ces tonneaux seraient remplis avec la terre qui aurait servi à les placer, mais replacée autant que possible dans la position qu'elle avait avant, et sur laquelle on entretiendrait une humidité égale et modérée. Ce moyen procurerait l'avantage de circonscrire les vers dans un espace déterminé, que leur instinct leur défend de franchir, et ne changerait rien, du reste, à leur état habituel, puisqu'ils seraient en pleine terre. On pourrait déposer dans un de ces tonneaux des œufs et dans les autres des vers de diverses années, en tenant note du nombre ; on pourrait même y semer ou planter ce qui leur convient. Il deviendrait alors facile d'éprouver l'effet des eaux dont on se servirait, et de déterminer son action sur la végétation ; mais il faudrait qu'il fût tenu de bonnes notes et que la personne qui tenterait ces expériences fût douée de patience et de l'esprit d'observation. N'oublions pas non plus que quelques essais isolés ne sauraient rien prouver et qu'une infinité de circonstances dépendantes du sol, des localités et de l'atmosphère, font singulièrement varier les expériences qui se rapportent à l'agriculture. Ce n'est qu'en répétant ces essais sur différens sols, qu'en en variant les époques, qu'en les suivant dans leurs moindres détails, qu'il est possible d'établir son opinion d'une manière positive.

Les bornes que je me suis prescrites m'ont forcé d'omettre une multitude d'observations et de détails que peu de personnes auraient pu apprécier ; j'ai cru que dans un travail qui n'avait pour ainsi dire qu'un intérêt de circonstance et de localité, je ne devais présenter que les faits généraux, soit pour mieux faire connaître ces insectes, soit pour appeler l'attention sur leurs ravages. Si un jour ce sujet était mis au concours, satisfait d'avoir provoqué une mesure d'utilité publique, je continuerais de mon côté mes recherches et mes essais. Ce que j'ai dit dans cet écrit doit suffire pour diriger et mettre sur la voie les personnes qui voudraient donner suite à mes observations ; si au surplus le secours de mes faibles lumières était jugé nécessaire, je me ferais un plaisir de répondre aux communications qui me seraient faites à ce sujet.

Nos départemens du nord et la Belgique sont

à-peu-près exempts du fléau des hannetons, peut-être la cause s'en trouve-t-elle dans l'emploi fréquent qu'ils font des matières fécales employées liquides. J'ai toujours pensé qu'il était possible de tirer un parti très-utile de ces matières, qui sont, pour la Flandre, une ressource précieuse. La ville de Paris s'approprie leur vente depuis un temps immémorial : une longue habitude, et l'inutilité dont elles sont pour la plupart des propriétaires, ont fait fermer les yeux sur cette mesure. Cette soustraction d'une partie de propriété sans indemnité est-elle au fond bien juste ? Dans la Flandre, c'est un objet de commerce comme autre chose ; le propriétaire les vend et l'agriculture qui les emploie de suite en retire tout le parti possible. A Paris, on nous les prend et l'Autorité en fait son profit. L'administration chargée de cette entreprise a perdu à-peu-près, jusqu'à présent, toute la partie liquide, perte que j'évalue aux trois quarts de la valeur des matières enlevées de Paris ; car il ne faut pas s'y tromper, une mesure quelconque de poudrette est bien loin de représenter, comme engrais, la quantité de matières dont elle est le résultat. Sans doute autour d'une grande ville, une surveillance active doit être exercée sur ces vidanges et sur ce qui s'y rattache ; mais pour mieux surveiller une chose doit-on d'abord s'en emparer, et priver l'agriculture d'une ressource utile ? Pourquoi ce qui est juste à Lille ne le serait-il pas à Paris, et n'est-il pas singulier que je rachète ici ce que je vendrais en Flandre ? La nature de mon terrain se prête à l'emploi de ce moyen et j'aurais probablement détruit mes vers blancs et fécondé mon sol, si j'avais pu librement disposer de mes vidanges. Je suis presque convaincu que les œufs de hannetons ou leurs vers ne pourraient résister à quelques arrosemens d'eau qui aurait reçu une addition de ces matières : déjà nous avons la preuve qu'elles donnent de la vigueur à la végétation, et qu'elles détruisent plusieurs insectes. Ce moyen très-simple, que je crois bon, étant à la portée de tout le monde, est un de ceux sur lesquels j'appelle spécialement l'attention sous son double rapport, en prenant toutefois en considération que, pour les terres légères, que le hanneton préfère, il faut de la prudence dans son emploi.

Les Anglais prétendent avoir trouvé le secret de détruire le ver blanc, et voici ce que m'a affirmé une personne de cette nation, qui dit avoir été présente à l'expérience: « On se ren-

» dit dans un champ infesté de ces insectes,
» et qui contenait diverses natures de cultures.
» On arrosa la terre avec de l'eau de chaux,
» et aussitôt les vers vinrent périr à la super-
» ficie du sol; cet arrosement ne nuisit pas
» à la végétation et produisit au contraire un
» effet salutaire. » Il était important pour moi
de connaître quelle était la quantité de chaux
employée pour une mesure quelconque d'eau;
dans quelle proportion cette eau avait été répandue sur un espace de terrain déterminé et
ensuite quelles étaient la force et la nature des
cultures qui couvraient le sol; mais, malgré mes
pressantes sollicitations, il ne m'a pas été possible d'obtenir ces renseignemens, qui étaient
indispensables pour opérer sans trop d'hé-
sitation. Un autre Anglais, qui possède en
horticulture des connaissances aussi variées
qu'étendues, m'a assuré avoir reconnu, par
sa propre expérience, les bons effets de la
chaux en poudre pour la destruction des di-
vers insectes et de leurs œufs. Je suis persuadé
que presque tous les moyens qui peuvent être
utilisés avec quelque succès pour la destruction des vers blancs, peuvent être considérés
comme engrais, si on n'est pas forcé de les
employer dans une proportion trop forte et

je suis de même convaincu que leur emploi fréquent éloignerait les hannetons des terres sur lesquelles on les aurait employés. La solution de cette importante question intéresse vivement l'horticulture, et je ne saurais trop la recommander aux véritables amans de Flore.

CHAPITRE V.

APPEL A L'AUTORITÉ ET AUX SOCIÉTÉS D'AGRICULTURE.

———

D'après les renseignemens qui me sont parvenus, je suis porté à croire que les ravages du ver blanc ont beaucoup augmenté depuis neuf ans; cependant la destruction des hannetons est facile, et ce travail ne réclamerait, au besoin, que les mains des femmes et des enfans; mais il ne suffit pas que quelques personnes plus instruites ou plus intéressées se livrent à leur recherche, cette mesure devrait être générale, spontanée et prolongée pendant toute la durée du danger. Deux riches propriétaires de mes environs, au printemps de 1824, en ont fait remplir, chacun, plusieurs tonneaux : il faut sans doute leur savoir gré de cette mesure de prudence, dont le résultat, même pour eux, est devenu à-peu-près nul, leur exemple n'ayant pas été suivi; et moi aussi j'ai détruit les miens avec les plus grands soins, en ai-je été plus heureux ?

Une loi du 16 février 1796, qui, tous les ans, se réimprime et est envoyée aux maires des communes, ordonne d'écheniller les arbres, et prévoit les cas où l'autorité locale peut forcer l'insouciance et la négligence des habitans des campagnes. J'avouerai qu'en général cette loi est fort mal exécutée et que très-souvent elle ne l'est pas du tout; mais au moins elle existe, et on peut en réclamer l'exécution. Pourquoi ne pas comprendre les hannetons dans cette loi, et serait-elle enfreinte si dans les ordonnances de préfecture qui la rappellent tous les ans, on confondait dans la même proscription les chenilles et les hannetons? En considérant seulement les pertes que le département de Seine-et-Oise et la banlieue de Paris ont éprouvées depuis quelques années, qui oserait déterminer les limites des dévastations probables, si quelques circonstances extraordinaires ne venaient à notre secours? Je sais que des lois ou des ordonnances sont insuffisantes pour arracher la masse des habitans des campagnes à leur inertie : intéressés, mais sans prévoyance, indifférens sur ce qui ne les touche qu'indirectement, incapables, pour la plupart, de raisonnemens suivis, les leçons de l'expérience, leurs succès comme leurs fautes, tout est perdu pour eux. J'habite la campagne depuis long-temps ; j'ai rempli, treize ans, des fonctions publiques, et je me crois autorisé à reconnaître que, dans certaines occasions, il faut, dans leur intérêt particulier même, faire violence à leur apathie et vaincre leur ignorance ou leurs préjugés par des moyens autres que la persuasion. Quand il s'agit d'une mesure d'intérêt général, qui ne saurait lui rapporter un bénéfice direct et prompt, l'habitant des campagnes méconnaît la voix de l'Autorité. Ce ne serait donc pas assez que des lois ou des ordonnances commandassent la destruction des hannetons, il faudrait encore admettre de la part des autorités locales la ferme volonté de les faire exécuter, sans être arrêtées par ces motifs de considérations particulières, trop fréquens à la campagne. Certes, on ne peut se dissimuler que la destruction des hannetons, ne fût-elle que de la moitié, apporterait une réduction considérable dans le nombre des vers, et par conséquent dans les pertes qu'ils occasionnent. Ces pertes sont énormes, et il serait à désirer que, dans l'intérêt de l'agriculture, le Gouvernement cherchât à les connaître. Depuis six ans, ces insectes me dévorent ; mais, pour la seule année de 1825, ma perte a surpassé *le montant des*

contributions que ma commune paie à l'État.
Sans doute il est permis de s'attrister sur un tel malheur ; mais combien d'infortunés qui ne cultivaient que quelques morceaux de terre, dont ils n'étaient pas toujours propriétaires, ont vu, pendant deux ans, leurs récoltes détruites et leurs champs condamnés à la stérilité entre leurs mains laborieuses ! Beaucoup, toute proportion gardée, ont encore perdu plus que moi ; car ils ne pouvaient opposer aux ravages de ces insectes les ressources de leur intelligence. Si on compare le ravage des chenilles à celui des vers blancs, nous trouvons encore de nouveaux motifs pour solliciter de l'Autorité la destruction des hannetons. Les chenilles ont beaucoup d'ennemis, et nous avons plusieurs moyens pour les faire périr ; je ne connais avec certitude que la taupe qui détruise les vers blancs, et les procédés que nous employons jusqu'à présent contre eux sont nuls ou trop dispendieux. Les unes sont visibles et ne sauraient, un jour ou l'autre, échapper à nos recherches, les autres se dérobent constamment à nos regards ; la vie des chenilles est bornée à quelques mois, à quelques semaines même, et ses dégâts sont d'abord apparens ; l'existence des vers blancs s'étend sur trois années, et déjà le mal est irrépa-

rable quand on s'en aperçoit. Quelle différence encore dans la nature des dégâts! Les chenilles n'attaquent que les feuilles, et bien que les racines en souffrent beaucoup, le peu de durée de leur vie limite leurs ravages, et ce n'est que dans des cas très-rares qu'elles peuvent occasionner la perte d'un arbuste ou même d'une plante. Les vers blancs, au contraire, attaquent la végétation dans la partie la plus précieuse de son organisation. L'étendue et la multiplicité de leurs morsures condamnent le sujet attaqué à une mort plus ou moins prochaine, mais presque toujours infaillible. Si peu d'heures leur suffisent pour la destruction des jeunes plants, leur nombre et leur séjour prolongé au pied des grands arbres les conduisent, quoique plus lentement, au dépérissement et même à la mort. On en a trouvé quatre-vingts au pied d'un magnolia, et chez moi ils ont détruit des arbres de dix-huit ans de plantation. Il est pénible de penser que nos lois n'offrent aucune disposition pour la destruction des hannetons : ainsi, je pourrais forcer mon voisin à détruire des chenilles qui ne sauraient me faire qu'un léger mal, et je ne pourrais le contraindre à la destruction de ses hannetons, qui doivent infailliblement me causer un préjudice bien plus notable. Dans tous les pays civilisés, lorsque la multiplication de certains insectes est parvenue à un point tel que l'agriculture en peut souffrir, l'Autorité en ordonne la destruction, et souvent même son existence est mise à prix. Le Gouvernement accorde des secours pour la grêle, ils sont bien faibles sans doute en comparaison des pertes ; mais il prouve du moins sa sollicitude envers ceux que ce malheur atteint. J'ai vu un riche fermier de mes environs recevoir une indemnité, légère, à la vérité, pour une grêle qui lui avait fait à-peu-près le tort qui pourrait résulter d'un arpent de blé que le vent aurait versé. Je suppose maintenant que la pièce de terre de trois arpens dont j'ai parlé, et dont les cultures furent presque entièrement détruites en 1825, eût été louée à un cultivateur, d'après la manière dont elle était emblavée, et ne calculant que les chances défavorables, communes à la culture en général, une famille composée de plusieurs personnes pouvait y trouver une existence facile. Cet homme aurait donc pu se trouver ruiné dès la première année du désastre sans être même en droit de réclamer quelques faibles secours sur le fonds de non-valeurs ; tandis que le fermier, dont la perte était dans la proportion d'un à mille, en obtenait. A Dieu ne plaise que je veuille faire ici le procès à l'Administration ! je sais que les pertes dont l'agriculture a quelquefois à gémir peuvent être adoucies, mais non réparées : j'ai voulu montrer seulement la nécessité de nouvelles dispositions dans les lois qui régissent cette matière. Si de telles dispositions eussent existé, j'en aurais, en temps utile, vivement réclamé l'exécution, et mes pertes, devenues bien moins considérables, ne m'auraient pas mis dans la nécessité de transporter sur un autre point un établissement, fruit de douze années de travaux, et qui procurait l'existence à plusieurs familles.

Des désastres aussi considérables que ceux que j'ai décrits, et qui peuvent augmenter encore de beaucoup, si l'Autorité ne prend pas les mesures nécessaires pour en restreindre la cause, méritent bien de fixer l'attention de l'Administration, et provoqueront, sans doute, tôt ou tard la sollicitude des principaux magistrats des départemens. Comme ami de l'agriculture, comme membre de la société, j'ai payé ma dette à mon pays, en faisant mieux connaître, sous plusieurs rapports, ce redoutable insecte, le plus grand fléau de la culture ; mais là s'arrêterait pour moi le pouvoir d'être utile, si ma

voix isolée ne trouvait pas d'interprète : c'est
donc aux savans, aux agronomes, aux véritables amis de l'horticulture, aux Sociétés d'agriculture, et sur-tout à celle dont j'ai l'honneur
de faire partie, qu'il appartient de méditer sur
ce sujet, de donner de la publicité à ces détails,
s'ils sont jugés dignes de quelque importance,
d'encourager les recherches sur les hannetons,
et de solliciter de l'Autorité supérieure les
moyens légaux de s'opposer aux dévastations
de ces insectes.

Déjà la Société d'agriculture du département
de Seine-et-Oise a compris qu'il était temps
d'opposer quelque remède aux dégâts que ce
département a soufferts et dont il est encore me
nacé par la reproduction des vers. A elle, peut-
être, appartient l'honneur d'avoir, la première,
donné l'exemple d'un utile encouragement, et
je ne doute pas que la grande quantité de hannetons qui ont paru au printemps n'ait de nouveau excité sa sollicitude. Le zèle éclairé de
M. le préfet m'est d'ailleurs un sûr garant que
ce magistrat secondera de tous ses efforts d'aussi
honorables intentions. L'Administration peut,
en cette occasion, servir utilement la cause de
l'agriculture : le département de Seine-et-Oise,
par sa position autour de la capitale, par la

valeur de ses terres, la richesse de ses cultures et la quantité de terrain consacrée aux produits de l'horticulture en général, est un de ceux qui ont le plus d'intérêt à voir disparaître ou atténuer un fléau auquel nous n'avons encore opposé, jusqu'à présent, que des plaintes inutiles ou une coupable indifférence.

Mais c'est à la Société horticulturale qu'il appartient plus particulièrement d'apprécier l'étendue des pertes qui, dans ces dernières années, sur-tout, ont pesé sur nos cultures d'utilité ou d'agrément : de la destruction des hannetons, ou de la réduction de leur nombre, dépendent en grande partie le succès, la prospérité de notre horticulture. Vainement m'objecterait-on que leur apparition trisannuelle est subordonnée à de certaines causes, et qu'on les a vus souvent disparaître de quelques localités pendant plusieurs années. Les vers blancs dévastent depuis six ans une grande portion des environs de Paris et beaucoup d'autres endroits, sans doute ; nous les avons encore pour trois ans, et si, en 1830, quelques bonnes gelées tardives, condamnant nos vignes à la stérilité, ne nous en débarrassent pas, nous les aurons encore trois autres années ; car ils ne redoutent l'inclémence des printemps que sous la forme de hannetons. Pourquoi donc attendre du hasard ou des circonstances indépendantes de la volonté de l'homme ce que nous pouvons faire nous-mêmes d'une manière bien plus efficace? Je le répète de nouveau, j'ai la certitude la plus intime que le sort du plus grand nombre des hannetons est entre nos mains. Que l'Autorité veuille fermement leur destruction, que l'Administration seconde une volonté fortement prononcée, que les essais soient encouragés, qu'un appel soit fait au talent, au zèle, au patriotisme des savans et des Sociétés d'agriculture, et bientôt nous verrons disparaître ce fléau dévastateur, qui, par les pertes répétées qu'il cause, frappe de stérilité une partie précieuse et considérable de notre territoire.

DU CHARANÇON GRIS

ET DE CELUI DE LA LIVÈCHE.

Les vers blancs ne sont pas les seuls insectes dont j'aie à redouter les ravages dans le pays que j'habite, le charançon gris (*cucurlio cineraceus*), connu vulgairement ici sous le nom de *lisette,* est devenu pour moi d'autant plus redoutable que je n'ai encore aucun moyen de le combattre. On peut s'étonner qu'un insecte si répandu sur quelques points, si connu des pépiniéristes par le tort qu'il cause aux greffes, n'ait pas excité davantage l'attention des naturalistes ou des agronomes. Plusieurs ouvrages, même assez récens, n'en font pas mention, et ceux que j'ai consultés ne m'ont rien appris sur ses métamorphoses ni sur la durée de son existence sous ses diverses formes. Ce que nous savons avec certitude, c'est que sa vie est d'une année et qu'il ne nuit à la végétation que sous

la forme de charançon. Je n'ai pas, au surplus,
été plus heureux que les naturalistes, et malgré mes recherches depuis douze ans, je n'ai pu
encore parvenir à connaître son ver ni sa chry-
salide. N'ayant pu trouver la description de ce
charançon, faute, sans doute, d'avoir pu com-
pulser tous les auteurs qui en ont parlé, je
donne ici la description de celui de la livèche
(*cucurlio ligustrici*) d'après Fabricius et Oli-
vier. En réduisant sa grandeur à deux lignes,
et en observant que le charançon gris est couleur de cendre et que l'autre est gris de fer,
on pourra s'en former une idée assez précise.

« Long de six lignes, cendré, un peu noi-
» râtre; une ligne élevée sur la trompe; corselet
» arrondi, chagriné; abdomen ovale; élytres
» finement chagrinés, sans stries. »
Ce genre d'insectes est très-nombreux, on le
fait monter à plus de six cents : heureusement
que la plus grande partie ne vit pas aux dépens
de nos cultures, et qu'aucune espèce ne cause
autant de dommage que les deux que je signale.
Plusieurs naturalistes se sont livrés, sur quelques insectes, à des recherches longues et laborieuses ; les charançons attendent encore leur
historien. Réaumur, Bonnaire et plusieurs autres trouveront sans doute des imitateurs : il

serait plus facile de détruire ces insectes si leurs métamorphoses étaient bien connues.

Le charançon gris paraît au commencement du printemps et sort de terre par une nuit douce et calme, lorsque le vent est au sud; il ne se trompe pas sur le moment précis, et c'est toujours lorsque les yeux des rosiers ou des plants qu'il préfère commencent à rompre leurs écailles : ce moment est d'ailleurs déterminé par la saison, qui peut varier de quinze à vingt jours. Si la température vient à changer, ce qui arrive assez souvent dans cette saison, il rentre en terre et ne reparaît que quand elle s'est radoucie. Une année, je l'ai vu rentrer pendant trois semaines sans avoir remarqué qu'il eût souffert d'un froid glacial, qui dura plusieurs jours. On peut croire que, dans ce cas, son instinct le porte à descendre en terre, en raison de la température. C'est à-peu-près une demi-heure après le soleil couché qu'il commence à se montrer : il dévore alors avec une grande voracité les yeux qu'il rencontre. Il se porte de préférence à l'extrémité des rameaux, probablement parce qu'ils sont plus tendres et plus développés, et passe par-dessus ceux que les écailles recouvrent encore. Ses inclinations le portent à monter : quand il peut choisir, il

préfère les églantiers et respecte alors assez
bien les francs de pied qui les avoisinent, ou
n'attaque que l'extrémité des plus longs rameaux. La quantité que j'en avais dans quelques parties de mon jardin était incompréhen-
sible, et pendant plusieurs années je les fis chercher de nuit, temps où ils exercent leurs plus
grands ravages; mais malgré la grande destruction que nous en faisions, je ne m'aperçus jamais d'une diminution sensible sur l'année suivante, et je fis cesser ces recherches, qui devenaient dispendieuses et dont mes jardins souf-
fraient. Le seul bien que j'aie retiré de cette
opération est d'avoir appris à mieux connaître
ces insectes. Nous les cherchions avec des lan-
ternes que l'on tenait de la main gauche, et avec
la main droite on les écrasait entre ses doigts.
Il arrivait que lorsque leurs yeux se trouvaient
tournés du côté de la lumière, ils repliaient leurs
pattes sous eux et se laissaient tomber : la même
chose arrivait encore lorsque, pour les prendre, on agitait le sujet un peu fortement, ou
quand ils nous apercevaient le jour; cependant
le vent ne faisait pas le même effet sur eux.
Nous les trouvions la nuit bien rarement occupés à descendre; je pense qu'ils n'en prennent
pas la peine et qu'ils se laissent tomber quand

ils ont assez mangé. Les dégâts de ces insectes sont très-considérables, eu égard sur-tout à leur grosseur. C'est particulièrement aux greffes faites en œil dormant pendant l'année précédente, que les charançons font du tort ; car ils en détruisent une grande partie, sur-tout dans les roses tardives. Plusieurs milliers de greffes périssent chez moi tous les ans par cette cause, et j'ai beaucoup de sujets de plusieurs années de greffe, qui ne fleurissent pas, par suite de la destruction annuelle des yeux, et dont je suis plus tard forcé de rapprocher la taille sur la greffe. On peut concevoir le mal qui résulte de pareilles suppressions, et le dérangement qu'ils occasionnent dans la végétation : aussi ai-je vu beaucoup de sujets languir et succomber, par suite de ces tailles opérées à contre-saison. Les charançons dévorent d'abord les yeux, et quelques jours après les sous-yeux ont le même sort ; ce qui nuit particulièrement aux sujets plantés dans l'hiver et les fait souvent périr. J'ai constamment remarqué qu'ils attaquaient de préférence les plants languissans et malades, et cette singulière prédilection avait lieu également pour le prunier et pour quelques autres arbres. Dans l'état de maladie, ils attaquent quelques arbres, qu'ils respectent quand ils poussent avec vigueur. Lorsque la température est chaude et humide, les dégâts qu'ils peuvent faire dans une nuit seraient difficilement conçus par les personnes qui ne les connaissent pas. Je les ai vus dévorer en deux nuits presque tous les yeux des sujets de deux à six ans de greffe. Dans les carrés d'églantiers, où j'en avais le plus, les yeux disparaissaient à mesure qu'ils commençaient à se montrer, et pendant trente ou quarante jours on ne voyait aucun signe de végétation. Après avoir inutilement tenté l'emploi de diverses matières liquides ou résineuses pour les empêcher de monter à mes églantiers, je fus forcé de prendre le parti de couvrir de sacs de toile et de crin mes jeunes greffes les plus précieuses, pour les soustraire à leur rapacité. Quand ils ne trouvaient pas des yeux en assez grand nombre pour satisfaire leur appétit, ils mangeaient les bords des jeunes feuilles, l'extrémité des jeunes pousses et même l'écorce des bourgeons de l'année précédente. Il paraît, au surplus, qu'ils peuvent supporter la faim assez long-temps. J'ai renfermé des charançons dans des verres recouverts d'un papier percé avec une épingle; ils y ont existé, quelques-uns jusqu'à trente jours. J'ai la certitude qu'ils n'ont pas touché au papier, car ils n'y pouvaient presque jamais parvenir ; mais je n'oserais affirmer qu'ils n'ont pas vécu quelquefois aux dépens les uns des autres. Ces insectes se rencontrent de préférence sur les rosiers, le prunier, le cerisier et beaucoup d'autres arbres : je les ai également trouvés dans les prés, les luzernes, les céréales ; mais chez moi ils ne se portent qu'aux rosiers, rarement on les trouve ailleurs. Dans les premiers jours de leur apparition, s'ils ne trouvent pas de tuteurs ou de bifurcations pour se cacher, ils s'enterrent au pied du sujet, à quelques lignes en terre. A la vue d'un rosier fraîchement mangé, en remuant avec précaution la terre du pied avec le doigt, on trouve les charançons immobiles, les pattes pliées sous eux, les antennes serrées le long du corps : plus tard, ils se cachent, la tête en avant, dans l'angle que forme la feuille avec le bourgeon ; alors très-peu descendent au pied, mais déjà un certain nombre ont terminé leur existence.

Le mâle est en général plus petit que la femelle, et l'accouplement a lieu presque aussitôt la sortie de terre ; je ne saurais déterminer sa durée, qui est cependant de plusieurs heures. L'ouverture du corps de la femelle nous montre ses œufs sous la forme d'une bouillie blanche ; ce qui peut porter à croire que le nombre en est considérable. Ici, est interrompue pour moi, et je pense pour les naturalistes, l'histoire de ces insectes. On doit croire que la femelle dépose ses œufs en terre et périt ensuite : ces œufs doivent produire des vers, qui, probablement, subissent une seconde métamorphose, avant de reparaître au printemps sous la forme de charançon. Chez moi, de grands mouvemens de terre ont lieu tous les ans; beaucoup de terres, pour mes opérations de culture, ont été passées par des tamis de deux à cinq lignes de maille, et jamais je n'ai pu remarquer ni vers ni larves qui aient pu me faire penser qu'ils appartenaient à mes charançons. La quantité que j'en avais sur quelques points était incalculable : où donc peuvent se retirer ces vers et ces larves, pour avoir, pendant plus de douze ans, échappé à mes regards et à mes recherches? Une seule fois j'ai trouvé, dans l'été, une petite boule de terre de la grosseur d'un gros pois, ayant beaucoup de consistance, dont l'intérieur était très-lisse et contenait les débris d'un charançon. Cette petite demeure avait sans doute servi de tombeau à la mère et de berceau à sa progéniture; ce qui est d'ailleurs conforme aux habitudes d'un grand nombre de scarabées.

Le charançon se plaît dans les terres douces

et légères ; je ne crois pas qu'il se rencontre dans les sols froids et humides, au moins ne l'ai-je que rarement trouvé sur la côte de Chenevières, où les terres sont plus fortes et plus fraîches que dans la plaine. J'ai acquis la preuve qu'il multiplie prodigieusement dans les luzernes ; et voici ce qui m'est arrivé. J'ai une pièce de rosiers de trois arpens, entourée de murs, qui avaient été plantés sur un défrichis de luzerne de l'année précédente ; au printemps de 1825, la quantité de charançons qui parurent fut tellement considérable, que, sur de jeunes arbres en espaliers, on en détruisit pendant quelques jours plusieurs centaines sur chacun : ils dévorèrent tous les boutons, jusqu'à l'écorce même des rameaux de l'année précédente et les firent périr ; ils ne laissèrent pas un seul œil sur les rosiers, déjà rongés intérieurement par les vers blancs : la quantité en était si prodigieuse et le terrain si grand, qu'il n'y avait aucun moyen d'y remédier : je me bornai donc à les faire chercher sur les espaliers. A la fin d'avril, on ne voyait sur cette pièce aucun signe de végétation ; car ils avaient dévoré jusqu'à la place même des yeux. Je conçus le faible espoir qu'ils pourraient mourir de faim ou au moins en souffrir assez pour que la multiplication s'en ressentît. Ma pièce ayant été

défoncée, il y avait peu d'herbe; je la fis détruire avec le plus grand soin, et je l'aban-
donnai ensuite aux ravages des vers blancs et des
charançons conjurés, bien décidé à la vider, si
j'en voyais encore autant l'année suivante. J'at-
tendais avec autant d'impatience que d'anxiété
la fin du mois de mars 1826; mais quels furent
mon étonnement et ma satisfaction, lorsque je
reconnus que je n'en avais plus qu'une très-pe-
tite quantité au nord! Cette disparition subite
me surprit d'autant plus que, dans mon prin-
cipal jardin, je n'avais jamais pu parvenir à en
réduire le nombre, et que je sais, par des expériences annuelles, qu'ils pouvaient vivre plus
d'un mois sans le secours des productions de la
terre. On peut raisonnablement conjecturer que
les charançons qui ont paru chez moi en 1825,
n'ayant trouvé qu'une nourriture insuffisante,
sont morts sans avoir pu se reproduire, ou que
la grande sécheresse de cette année, agissant
sur un terrain dont les cultures dévastées étaient
loin de couvrir le sol, aura fait périr en terre
les œufs et les jeunes vers. La préférence que
le charançon donne aux lieux ombragés sur
ceux qui ne le sont pas, et l'exemple de ceux
qui avaient survécu au nord, me font pencher
pour cette dernière hypothèse.

6.

On trouve des charançons chez moi pendant soixante-dix jours environ; je ne pense pas néanmoins que le terme moyen de l'existence des individus soit de plus de quarante jours. Les variations de l'atmosphère ne m'ont pas paru exercer sur leur multiplication beaucoup d'influence; cependant la longueur et la durée de l'hiver dernier leur ont été funestes, car je n'en ai jamais eu moins que ce printemps. Cet insecte est commun aux environs de Paris, et ses ravages atteignent plusieurs natures de cultures; une partie des moyens qui conviendraient pour la destruction du ver blanc, pourrait probablement lui être appliquée avec succès. On peut reconnaître d'une manière précise le moment de sa sortie de terre au printemps; la douceur de la température et les yeux des arbres ou arbustes qu'il dévore en sont toujours des indices certains. Les charançons sont alors ou cachés sur les plants, ou enterrés au pied à deux ou trois lignes seulement : un léger mouvement donné au plant peut donc les réunir autour de lui. Peut-être pourrait-on employer utilement des eaux chargées de matières huileuses ou mucilagineuses et les faire périr en les privant de la faculté de respirer. Un moyen simple et peu dispendieux d'opérer

leur destruction serait encore un véritable service rendu à l'horticulture et mérite, à ce titre,
de fixer l'attention des Sociétés savantes. Je
me propose, au printemps prochain, de tenter
quelques expériences à ce sujet, que je ferai
connaître au public si elles sont couronnées de
quelque succès.

Voici maintenant un autre charançon (*cur-
culio ligustrici*) qui ne me paraît pas plus connu,
et qui diffère de l'autre sous bien des rapports ; il
est environ trois fois plus gros, sa couleur est
gris de fer ; du reste, pour la conformation, je
n'ai remarqué aucune différence, du moins à
la vue simple et même à la loupe ; il paraît
quinze jours après l'autre, et vit trois semaines
de plus. Son naturel le porte à monter après les
murs du midi et du levant, quelquefois jusqu'aux
cheminées ; il les parcourt en tous sens, sans
que rien puisse en faire soupçonner la cause.
Quoiqu'il dévore avec avidité la vigne, les rosiers et à-peu-près tout ce qui touche aux murs,
rarement il s'en écarte, même pour chercher
sa nourriture, et nous ne le trouvons presque
jamais dans l'intérieur du jardin ; il ronge jusqu'aux bois des rameaux de rosiers que je jette
quelquefois au pied des murs, dédaignant ceux
qui sont plantés, et ne monte même pas aux

églantiers. Ce gros charançon commence à paraître, vers le 5 avril, dans les angles qui se
trouvent aux murs du midi; il aime beaucoup
la chaleur et l'abri du vent; la nuit, ou quand
il fait froid, il se ramasse par tas, se cache au
pied des murs entre les pierres, ou s'enterre de
quelques lignes en terre. Le jour, à la chaleur,
il quitte ses retraites, monte, court sur les
murs vieux ou neufs, ne paraissant pas chercher sa nourriture, et prouve même assez souvent qu'il peut se passer de la végétation pour
vivre, bien qu'il la dévore quand elle est à sa
portée. En 1825 et 1826, dans ma cour, pavée
avec chaux et ciment l'année précédente, il y
en avait une si grande quantité, qu'on les ramas-
sait avec un balai pour les écraser ensuite. Le
long d'un mur de quatre-vingts pieds de long,
où rien ne végétait à six pieds autour, on en a
détruit plus de dix mille. Renfermés dans des
verres, ils n'ont pas vécu aussi long-temps que
les charançons gris, et le terme moyen de leur
existence a été de seize jours. Je n'ai jamais pu
concevoir d'où venaient ceux de ma cour; ils ne
pouvaient provenir du dehors, je n'en voyais jamais sur le côté extérieur du mur, et le pavé
ne présentait ni gerçures ni crevasses. En 1814,
le nombre de ces insectes fut si considérable dans

la commune de Chenevières, que les murs aux
bonnes expositions et les chemins qui passaient
au pied de ces murs en étaient couverts, personne ne se rappelait en avoir autant vu ; entre
1814 et 1824 inclus, il y en eut si peu que souvent
j'ai eu de la peine à en faire ramasser quelques
douzaines par curiosité ; mais en 1825 il en parut
tout-à-coup une si prodigieuse quantité, que nous
ne pouvions suffire à les chercher le long de nos
murs, où ils dévoraient tout ce qui y touchait.
On aurait certainement pu en emplir un demi-
boisseau par jour. Malgré mes observations de
jour et de nuit, jamais je n'ai pu être témoin
de l'accouplement de ces charançons, et je
pense qu'il a lieu en terre avant leur apparition. La femelle peut pondre une très-grande
quantité d'œufs, qui sont visibles à l'œil nu, et
qui sans doute donnent naissance à des vers ;
elle a de commun avec le charançon gris qu'à la
vue de l'homme, elle se laisse de même tomber,
circonstance au surplus commune à beaucoup
d'autres scarabées.

En 1824, ce gros charançon fut si rare, qu'il
ne m'aurait pas été possible d'en ramasser un
demi-cent chez moi, et en 1825, j'ai la certitude que plusieurs centaines de milliers ont
paru sur mon terrain : d'où peut donc prove-

nir cette prodigieuse quantité, qui ne semblerait pas pouvoir être le résultat probable du peu que nous en avions en 1824? Cette question s'est présentée souvent à mon esprit, sans que j'aie encore pu trouver une solution satisfaisante. Il me paraît presque certain que son accouplement a lieu en terre ; peut-être serait-il possible qu'il n'en sortît pas lorsque le printemps est variable ou froid, car j'ai reconnu qu'il y était très-sensible. La préférence qu'il témoigne pour les murs, les lieux abrités, et le peu d'empressement qu'il paraît mettre à chercher la végétation, pourraient autoriser mon opinion. En 1826, je n'en vis pas autant qu'en 1825 : l'explication de cette diminution n'a rien de bien étonnant pour moi, qui suis convaincu qu'une multitude de circonstances peuvent détruire, en terre comme hors de terre, les insectes sous diverses formes. Ce charançon ne m'ayant causé quelques dommages que dans les deux dernières années, je n'ai sur lui que peu de notions, et j'avoue que son apparition en si grande quantité, à dix ans d'intervalle, est un phénomène que mes connaissances, très-bornées sur cette matière, ne me permettent pas d'expliquer.

Ce charançon, dont les dégâts se bornent aux

plantations établies le long des murs, n'est pas à beaucoup près aussi redoutable que le premier décrit; il ne s'écarte que rarement, et en petit nombre, dans l'intérieur des jardins bien aérés; en le cherchant à la chaleur, on parvient à le détruire en très-grand nombre, car sa grosseur le rend bien visible et facile à saisir. La nuit, il ne cause aucun dommage: réuni en grand nombre aux pieds des murs, dans les cavités naturelles ou qu'il se pratique, il n'en sort que lorsque le soleil a échauffé l'atmosphère, et y demeure même le jour, si le vent souffle avec violence ou si la température est froide. Sous le rapport du temps où il prend sa nourriture, son inclination est en opposition avec le charançon gris, ce dernier exerçant la nuit ses plus grands ravages et se reposant le jour. Il est probable que le charançon de la livèche subit les mêmes métamorphoses que l'autre; cependant, malgré sa grosseur, les recherches que j'ai faites pour découvrir son ver ou sa larve sont demeurées sans succès. Ainsi que les vers blancs, ces insectes préfèrent les terres douces et sèches; les lieux humides, battus par les vents d'ouest ou du nord, les terrains marneux ou calcaires, ou amendés depuis long-temps par des matières fécales liquides, en sont exempts. Une longue suite d'observations me prouve que le charançon, comme le hanneton, évite ou préfère la même nature de terre et les mêmes expositions, et je regarde comme bien certain que tous deux peuvent être détruits ou éloignés par les mêmes moyens. Nous n'avons que très-peu de renseignemens sur ces scarabées, qui nuisent singulièrement aux pépinières, et qui quelquefois forcent d'abandonner le terrain qu'ils dévastent. Ce serait donc rendre un grand service à l'agriculture que de s'occuper des moyens de les détruire ; la solution de cette question importante, qui intéresse la prospérité de nos pépinières et de nos jardins, engagera sans doute quelques personnes à y consacrer leurs loisirs et à rendre public le résultat de leurs expériences.

NOTE

SUR LA SOCIÉTÉ D'HORTICULTURE DE PARIS.

Depuis long-temps, déjà, les personnes qui font de l'horticulture l'objet de leur principale occupation ou de leurs loisirs, regrettaient que la France fût privée d'une institution à laquelle l'Angleterre et la Hollande doivent de si grands avantages et de plus grandes jouissances encore. Nous-mêmes, en 1824, dans un chapitre spécial, nous avons appelé de nos vœux cette institution, dont l'importance et la nécessité nous paraissent démontrées, et nous nous étonnions que la France, si favorisée de la nature et déjà si riche de ses productions variées, ne possédât pas encore une Société horticulturale. Ce vœu vient enfin d'être exaucé. Honneur à ceux qui, comprenant l'utilité d'une telle institution et les avantages inappréciables qui en doivent résulter, ont su vaincre avec persévérance les nombreuses difficultés qui, trop souvent, chez nous, entravent ou s'opposent aux grandes mesures d'utilité publique! La France, enfin, va reprendre parmi les nations un rang que lui assignent naturellement la douceur de son climat, la fertilité de son sol et l'industrie de ses habitans. Dans cette carrière, qui n'est encore ni sans mérite ni sans gloire, les Français n'oublieront pas que les palmes d'un paisible triomphe sont encore honorables.

L'Angleterre, la Hollande et d'autres états possèdent des Sociétés d'horticulture, et c'est à ces établissemens qu'ils doivent le haut degré de prospérité où est parvenue chez eux la culture d'agrément. La noble protection que les souverains leur accordent est une preuve irrécusable de l'importance qu'ils y attachent. En effet, si laissant de côté même les douces jouissances qu'elles procurent, nous ne considérons ces cultures que sous le rapport du commerce, nous voyons que l'Angleterre et la Belgique en retirent des avantages dont il sera toujours difficile de se faire une idée quand on ne connaîtra pas l'importance de leurs établissemens, l'étendue de leurs relations et le perfectionnement de leurs procédés de culture; mais dans ces pays l'horticulture est devenue une jouissance appropriée à toutes les conditions, un besoin même pour beaucoup. Depuis le modeste artisan jusqu'aux membres des familles royales, toutes les classes de la société prennent un intérêt plus ou moins direct à ces paisibles jouissances, et la considération publique entoure ceux dont les honorables travaux ont pour but d'en étendre le cercle. Chez eux, tout ce qui peut concourir à l'utilité générale est saisi avec empressement, et les découvertes particulières deviennent bientôt le domaine de la science. C'est à l'esprit public habilement dirigé et aux lumières que procurent leurs nombreuses associations que l'Angleterre est redevable du haut degré de prospérité commerciale qui, d'abord, étonne avec raison, mais dont il serait au moins raisonnable de rechercher les causes. Divisés quelquefois sur des questions de politique ou d'administration, en agriculture, ils ne reconnaissent qu'une seule barrière : étrangers à ces petites passions, tristes fruits d'un amour-propre déplacé, l'envie sait respecter chez eux les efforts dirigés vers un but utile, et la médiocrité a du moins la pudeur de se taire.

Nous ne sommes nés, ni plus disgraciés des dons de la nature ni de ceux de l'intelligence, et plusieurs parmi nous, livrés à des cultures spéciales, ont prouvé que cette assertion n'était pas téméraire. Que l'horticulture soit encouragée, que la considération publique dédommage ceux qui se livrent à cette carrière plus honorable que lucrative, que les dépositaires de l'autorité ne dédaignent pas d'accorder leur protection à une institution éminemment utile, et bientôt la France, quittant un rang secondaire qu'elle ne doit jamais occuper, pourra confondre dans sa reconnaissance les noms des fondateurs de la Société et ceux des ministres qui l'auront protégée : et lorsqu'un jour l'ambition éteinte ou rassasiée permettra à l'homme puissant un retour sur lui-même, lorsque les ennuis, les chagrins que le pouvoir traîne à sa suite, dessillera enfin ses yeux, ou lorsqu'une disgrâce éclatante l'aura débarrassé du vain cortége de ses faux amis, peut-être le verronsnous chercher parmi nous l'oubli d'une faveur trompeuse, et demander à la nature des émotions plus paisibles et des consolations plus sincères.

L'horticulture, depuis quelques années, a fait chez nous des progrès sensibles, et le nombre que ses charmes ont séduit augmente encore tous les jours. Ce goût, concentré il y a peu de temps encore dans les classes intermédiaires de la société, commence à se répandre parmi les personnes opulentes; si le nombre de celles qui s'y adonnent est moins grand qu'en Angleterre, peut-être en général s'en occupe-t-on chez nous d'une manière plus positive. L'empressement que l'on témoigne pour les ouvrages qui traitent de ces matières, prouve que ce goût n'est pas frivole, et ne se borne pas à la stérile admiration d'une belle fleur ou d'une plante utile. Une Société horticulturale ne pouvait se former en France sous de plus heureux auspices, ni dans des circonstances plus favorables; la rapidité avec laquelle la liste des fondateurs a été remplie, a passé toute attente, et le choix des présidens, du secrétaire général et des membres des comités permet de concevoir les plus heureuses espérances. D'honorables services, d'utiles ouvrages et de hautes connaissances en agriculture avaient déjà depuis long-temps recommandé les noms des auteurs de cette utile association à la bienveillance publique; ce nouveau service rendu à la science du jardinage leur assure maintenant la reconnaissance de tous ceux qui ne sont pas insensibles aux charmes des jardins.

Nous ne pouvons mieux faire que de transcrire ici le *Prospectus* de la Société, et nous renvoyons, pour de plus grands détails, ceux qui s'intéressent aux progrès de notre horticulture, au 1ᵉʳ. cahier de ses *Annales*, qui vient de paraître chez madame Huzard, libraire, rue de l'Éperon, n°. 7.

« Parmi les branches principales dans lesquelles se partage l'économie rurale, considérée comme le tronc commun dont elles émanent, l'Horticulture doit être mise au nombre des plus importantes, soit par la multiplicité et l'étendue de ses ramifications, soit par la variété et l'utilité ou l'agrément de ses produits. Elle embrasse, en effet, dans l'ensemble de ses travaux la culture des arbres en pépinière; celle des vergers ou des arbres fruitiers, des jardins potagers, des plantes utiles aux arts ou à l'économie domestique; enfin celle des arbres, arbustes et fleurs propres à orner les jardins, les orangeries et les serres.

» La France, par sa position géographique, intermédiaire entre les deux extrémités de la zone tempérée, par la diversité des climats qu'elle présente dans ses différentes régions, par la nature et les expositions variées de son sol, semble être appelée à devenir la terre classique de l'Horticulture. Depuis long-temps, quelques parties de cet art y sont cultivées avec succès, particulièrement dans les environs de la capitale. Ainsi les pépinières, les arbres fruitiers, les jardins légumiers ou maraîchers, y sont l'objet d'une culture soignée, qui a déjà atteint un assez haut degré de perfection. La multiplication des plantes d'agrément y a pris aussi de l'extension et leur culture y a fait des progrès sensibles, depuis que le goût des fleurs s'est répandu parmi les personnes aisées.

» Cependant, nous sommes encore loin du point où nous pouvons espérer d'arriver sous ces différens rapports. Combien de précieuses variétés de fruits, de légumes de toute espèce n'attendent, pour éclore et pour enrichir nos jardins de nouveaux produits, que les soins de jardiniers intelligens ! Combien d'arbres et d'arbrisseaux étrangers, encore inconnus ou relégués dans les parcs de quelques amateurs, pourraient être employés avec avantage, concurremment avec nos arbres indigènes, à peupler nos bosquets et à ombrager les avenues de nos villes ! Combien de plantes enfin, jusqu'à présent confinées dans nos serres et nos orangeries, ne demandent qu'à en sortir et à se naturaliser sur notre sol, pour augmenter et varier nos jouissances !

» Mais pour obtenir ces résultats désirables,

et amener l'art de l'Horticulture au degré de perfectionnement dont il est susceptible, les travaux isolés des jardiniers et des amateurs seraient désormais insuffisans. Au point où cet art est maintenant parvenu, il a besoin, pour ne pas rester stationnaire et pour faire de nouveaux progrès, du concours des efforts de toutes les personnes qui cultivent ses diverses branches avec un zèle plus ou moins éclairé; il lui faut, dans chaque pays, un centre commun, auquel aboutissent et d'où se propagent les méthodes perfectionnées de culture, ainsi que les acquisitions nouvelles ou les produits améliorés dont il s'enrichit journellement. En un mot, l'Horticulture réclame , comme toutes les autres sciences pratiques fondées sur l'observation et sur des expériences multipliées, l'établissement de Sociétés spéciales, exclusivement consacrées à son perfectionnement.

» Des Sociétés de ce genre existent, depuis quelques années, dans plusieurs villes de l'Europe, de l'Amérique, et jusque dans les Établissemens anglais des Indes orientales et de la Nouvelle-Galles. Elles ont déjà enrichi la science de mémoires d'un grand intérêt, et leurs travaux étendent chaque jour davantage son domaine.

» La France seule ne possédait pas encore une semblable institution et se trouvait, sous ce rapport, en arrière de tous les pays civilisés. Plusieurs amis des jardins, des vergers et des fleurs, jaloux de faire cesser une telle exception, se sont réunis pour se concerter sur les moyens de fonder, à Paris, une Société d'Horticulture, à l'instar de celles qui sont établies dans les contrées ci-dessus citées, particulièrement en Angleterre et dans le royaume des Pays-Bas.

» Cette Société s'est provisoirement organisée, et elle compte déjà parmi ses membres, indépendamment d'un grand nombre d'Horticulteurs de profession, beaucoup d'amateurs et de propriétaires, animés tous du désir de concourir au but de son institution.

» La Société sera représentée et ses travaux seront dirigés par un Conseil de soixante membres choisis par l'assemblée générale des souscripteurs, et distribués en différens comités.

» Elle proposera des sujets de prix et décernera des médailles d'encouragement. Elle provoquera des expositions de plantes, arbustes, fleurs et fruits remarquables par leur nouveauté, leur rareté ou leur beauté.

» Elle se procurera un jardin à Paris ou dans

les environs, dans lequel il sera fait des expériences sur les moyens de multiplier et de naturaliser les plantes exotiques, soit économiques, soit d'agrément, susceptibles d'être acclimatées en France, et de perfectionner la culture de celles qui lui sont indigènes ou qui y sont déjà naturalisées.

» Enfin, la Société publiera, tous les mois, un Journal de 2 à 4 feuilles d'impression, qui sera envoyé gratuitement à tous les souscripteurs. »

Les personnes, soit des départemens, soit de l'étranger, avec lesquelles je suis en correspondance, qui désireraient faire partie de la Société, peuvent m'adresser leur demande, je me ferai un plaisir de les faire agréer.

Le prix de la souscription est de 3o fr. par an.

<hr>

La Société offre l'*échange de ses Annales* avec tous les journaux scientifiques et les recueils de Mémoires des Sociétés savantes, nationales et étrangères. Elle invite ses Membres et toutes les personnes qui voudront profiter de cette voie de publicité, à faire déposer à sa Bibliothèque les ouvrages, brochures et mémoires qu'ils font imprimer. Il en sera rendu compte dans le *Bulletin bibliographique*, et ils seront communiqués, sur récépissés, à tous ses Membres.

Les *Annales de la Société d'Horticulture de Paris* se composeront de douze cahiers de deux à quatre feuilles, qui formeront un fort vol. in-8°. par année, et seront accompagnés de planches. Les cahiers se succéderont régulièrement de mois en mois, à partir de septembre 1827.

Les *Annales* seront envoyées gratuitement à tous les Membres de la Société. Le prix de l'abonnement, pour les personnes qui y sont étrangères, est fixé à 15 fr. pour Paris et les départemens, et 18 fr. pour l'étranger.

On souscrit à Paris, *au Bureau de la Société d'Horticulture de Paris*, rue Taranne, n°. 12; dans les départemens et à l'étranger, chez les principaux Libraires, et chez MM. les Directeurs de postes.

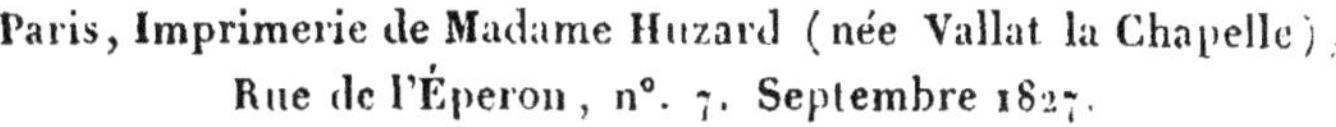

Paris, Imprimerie de Madame Huzard (née Vallat la Chapelle).
Rue de l'Éperon, n°. 7. Septembre 1827.